COURS D'ÉDUCATION

ET

D'INSTRUCTION PRIMAIRE

PAR

Mme MARIE PAPE-CARPANTIER

Inspectrice générale des Salles d'asile

AVEC LA COLLABORATION

DE PROFESSEURS DE LETTRES ET DE SCIENCES

ARITHMÉTIQUE

GÉOMÉTRIE APPLIQUÉE

SYSTÈME MÉTRIQUE

LIVRE DE L'ÉLÈVE

Édition spéciale pour les garçons

PARIS

LIBRAIRIE HACHETTE ET Cie

79, BOULEVARD SAINT-GERMAIN, 79

382

ARITHMÉTIQUE

GÉOMÉTRIE APPLIQUÉE

SYSTÈME MÉTRIQUE

À LA MÊME LIBRAIRIE

Zoologie des écoles et des salles d'asile, *histoires et leçons explicatives*, destinées à accompagner 50 images d'animaux divisées en cinq séries, et comprenant toute l'échelle zoologique.

Deuxième édition illustrée. Les trois premiers volumes se vendent 1 fr. 25 chaque; le 4ᵉ volume 1 fr. 50; et le 5ᵉ volume 2 francs.

Chaque série de 10 images en chromolithographie, 5 fr.

Histoires et leçons de choses pour les enfants; nouvelle édition avec 85 vignettes dans le texte. 1 volume in-12, broché, 2 fr. 25 c.

Ouvrage couronné par l'Académie française.

Histoire du blé, *histoires et leçons explicatives*, destinées à accompagner 6 images représentant le labour, les semailles, la moisson, le battage, le moulin, la boulangerie.

Le volume de texte, grand in-18, avec 62 vignettes dans le texte, cartonné.............................. 1 fr.
Les 6 images en chromolithographie........ 3 fr. 50 c.

Lectures et travail, pour les enfants et les mères; 2ᵉ édition. 1 volume in-12, avec 124 vignettes dans le texte, cartonné, 1 fr. 25 c.

Ouvrage couronné par la Société pour l'instruction élémentaire.

Le dessin expliqué par la nature. 1 volume in-12, avec 59 figures dans le texte, 2 fr. 50 c.

Paris. — Imprimerie Arnous de Rivière et Cᵉ, rue Racine, 26.

COURS D'ÉDUCATION ET D'INSTRUCTION PRIMAIRE

PÉRIODE ÉLÉMENTAIRE

ARITHMÉTIQUE

GÉOMÉTRIE APPLIQUÉE

SYSTÈME MÉTRIQUE

AVEC EXERCICES ET PROBLÈMES

PAR

Mme MARIE PAPE-CARPANTIER

Inspectrice générale des Salles d'asile

AVEC LA COLLABORATION

de M. et de Mme CH. DELON

LIVRE DE L'ÉLÈVE

DEUXIÈME ÉDITION

PARIS

LIBRAIRIE HACHETTE ET Cie

79, BOULEVARD SAINT-GERMAIN, 79

—

1876

©

ARITHMÉTIQUE

NUMÉRATION.

I. De la nature des nombres.

Lorsque nous comptons des choses semblables, mes enfants, nous les réunissons, nous en formons un groupe, au moins dans notre pensée. Chacune de ces choses, quelles qu'elles soient, est, dans notre compte, une *unité;* et ces unités réunies forment un *nombre,* plus ou moins grand, selon qu'il y a plus ou moins d'unités. C'est ce que nous exprimons en disant : *Un nombre est un groupe d'unités.*

Quand nous énonçons le nom des unités dont se compose un nombre, ce nombre est appelé communément : nombre *concret.* Quand nous disons 6 pommes, 4 pas, 8 jours, 100 mètres, nous exprimons des nombres concrets, puisque nous disons de quelle espèce d'unités ils se composent.

Mais quand nous énonçons un nombre sans dire quelle sorte d'unités il exprime, quand nous disons simplement 2, 3, 10, 100, 1000, ces nombres sont appelés : nombres *abstraits*. Si nous disons 5 unités, 9 unités, ces nombres sont encore des nombres abstraits, parce que nous ne disons pas de quelle nature sont ces unités[1].

QUESTIONNAIRE

Quand nous comptons ensemble des choses semblables n'en formons-nous pas un groupe dans notre pensée ?

Qu'est-ce qu'une unité ?

Qu'est-ce qu'un nombre ?

Quand un nombre est-il appelé concret ?

Énoncez des nombres concrets.

Quand dit-on qu'un nombre est abstrait ?

Énoncez des nombres abstraits.

EXERCICES

1. Indiquer, dans les *exercices et problèmes* sur la numération et l'addition, pages 12, 13, etc., les nombres abstraits et les nombres concrets.

------

1. Voir le *Manuel de l'instituteur :* Observations relatives au *nombre* en lui-même.

II. De la nature des unités d'un nombre.

Nous vous avons déjà dit plusieurs fois, mes enfants, qu'on ne doit réunir en un même groupe que des êtres ou des choses de même espèce, qu'on ne doit exprimer par un même nombre que des unités de même nature. Nous allons maintenant vous expliquer pourquoi.

Quand vous énoncez un nombre concret, aussitôt après avoir dit le nombre, vous nommez les choses dont la réunion forme ce nombre, et qui ont toutes le même nom. Ainsi, quand nous disons : 5 livres, le nom de *livre* qui désigne les cinq objets convient à chacun d'eux en particulier, puisque chacun de ces objets est un livre.

Vous comprendrez facilement que les objets qu'on veut réunir en un seul groupe et exprimer par un nombre, n'ont pas besoin d'être semblables en toute chose. Quand vous comptez 5 livres, ces 5 livres peuvent bien n'être pas pareils; il peut y avoir un livre relié et un broché, un gros et un petit, un rouge et un bleu; peu importe, ce sont toujours des livres. Le nom de livre convient à chacun, donc il peut les nommer tous.

S'il n'est pas nécessaire que les unités d'un nombre soient semblables en toute chose pour qu'on puisse les désigner par un même nom, il faut néanmoins qu'elles aient quelque chose de commun. Ainsi nous pouvons former un nombre en comptant ensemble un bœuf, une vache, une brebis et une chèvre, parce que tous ces êtres, quoique différents, ont pourtant quelque chose de commun : ce sont des animaux. Ils ont de commun ce qui fait l'animal.

Vous savez fort bien, mes enfants (car vous avez fait des groupes comme celui-là dès l'année dernière), que nous ne pourrions pas dire : cela fait 4 chèvres ou 4 vaches, puisque le nom de *chèvre* ou celui de *vache* ne convient qu'à l'un de ces êtres. Mais nous pouvons dire : cela fait quatre animaux, le mot *animal* convenant au bœuf, à la vache, à la brebis, à la chèvre, et exprimant ce qu'ils ont de commun.

Pourrions-nous compter ensemble deux pierres, un jour, un litre et trois lieues? — Nous dirions cela fait 7; mais 7 quoi? Impossible de le dire, impossible de trouver un nom commun pour désigner ensemble toutes ces choses qui n'ont rien de commun. Le nom qui conviendrait à une pierre, qui est un minéral, ne pourrait pas convenir à un litre, qui est une mesure de capacité; et le nom qui conviendrait à un jour, qui est un espace de temps, ne conviendrait pas à des lieues, qui sont des mesures de longueur. Puisqu'il est impossible de donner un même nom aux unités de ce nombre, nous ne devons raisonnablement pas le former, en groupant ensemble des choses de nature tout à fait différente.

Vous voyez donc, mes enfants, que quand on dit : *les unités d'un nombre doivent être toutes de même nature*, ce n'est pas seulement une règle de calcul qu'on exprime, c'est aussi une vérité de sens commun.

QUESTIONNAIRE

Peut-on former un nombre avec des unités qui ne sont pas de même nature?

Est-il nécessaire que les unités d'un nombre soient absolument semblables?

Quel nom devra-t-on donner aux unités réunies formant le nombre?

Citez des unités qui ne peuvent être réunies dans un même nombre. — Dites pourquoi elles ne le peuvent pas.

III. Rapports des ordres d'unités entre eux.

Vous avez appris, l'année dernière, à former les nombres jusqu'au million, c'est-à-dire jusqu'au septième ordre d'unités. Peut-on compter au delà du million? y a-t-il des nombres plus grands que celui-là? Oui; ainsi on peut compter des dizaines de millions, des centaines de millions, comme nous avons compté des dizaines, des centaines d'unités simples. Mais comme nous n'aurons pas souvent affaire avec ces gros nombres-là, nous pouvons les laisser de côté pour le moment, et nous en tenir au million, qui est déjà un nombre fort respectable.

La chose essentielle pour nous dans ce moment, c'est de savoir quels rapports ont entre eux tous les ordres que nous connaissons. Rappelons tout d'abord qu'une dizaine vaut dix unités, qu'une centaine vaut dix dizaines, qu'un mille vaut dix centaines, et ainsi de suite; ce que nous exprimons en disant : *Chaque unité d'un ordre quelconque vaut dix unités de l'ordre immédiatement inférieur*, c'est-à-dire de celui qu'on écrit immédiatement à sa droite. Nous appelons *inférieur* (mot qui signifie moindre), l'ordre qui est à droite, parce qu'en allant vers la droite les ordres sont de plus en plus petits.

Nous pourrions encore exprimer la même chose de cette manière : *Il faut dix unités d'un ordre quelconque pour faire une unité de l'ordre immédiatement supérieur*, c'est-à-dire de l'ordre écrit immédiatement à gauche ; le mot *supérieur* signifiant plus élevé, plus grand ; or vous savez qu'en allant vers la gauche les ordres sont de plus en plus grands.

QUESTIONNAIRE

Quelles sont les unités du premier ordre ? du deuxième ? du troisième ? du quatrième ? du cinquième ? du sixième ? du septième ordre ?

Quel est l'ordre qui précède celui des centaines ? celui des dizaines ? des mille ? des centaines de mille ?

Quel est l'ordre qui suit celui des mille, des centaines de mille, des millions ?

Combien un mille vaut-il de centaines ?

Combien une centaine de mille vaut-elle de dizaines de mille ?

Combien faut-il de centaines de mille pour faire un million ?

Que veut dire ordre inférieur ? ordre supérieur ?

Quel est l'ordre immédiatement supérieur aux dizaines ?

Quel est l'ordre immédiatement supérieur aux centaines ? aux mille, etc. ?

Quel est l'ordre immédiatement inférieur aux millions? aux dizaines de mille? aux mille, etc.?

Comment exprime-t-on le rapport de chaque ordre avec celui qui le précède? avec celui qui le suit?

EXERCICES

1. Combien y a-t-il de dizaines[1] dans les nombres 20. — 300. — 320. — 440. — 500. — 660. — 700. — 854. — 963. — 222?

2. Combien y a-t-il de centaines dans les nombres 450. — 2100. — 3000. — 4005. — 8040. — 5382. — 3400?

3. Combien y a-t-il de dizaines de mille dans les nombres 80 000. — 250 000. — 400 000. — 500 320?

IV. Rapports des ordres entre eux (suite).

Si l'on nous demandait : « Combien chaque unité de tel ordre vaut-elle d'unités, non pas de l'ordre immédiatement inférieur, mais de celui qui est le second en allant vers la droite? »

Pour le savoir, prenons l'un des ordres, celui que vous voudrez; excepté celui des centaines : ce serait trop facile, car cela reviendrait à

---

1. Voir le *Manuel*.

demander combien une centaine vaut d'unités simples; prenons plutôt l'ordre des mille.

Le second ordre vers la droite à partir de celui des mille, c'est l'ordre des dizaines. Combien donc un mille vaut-il de dizaines? Pour répondre à cette question, réfléchissons un peu : un mille vaut 10 centaines et chacune de ces centaines vaut 10 dizaines. Un mille vaut donc 10 fois 10 dizaines, ou 100 dizaines.

Une dizaine de mille c'est 10 mille. Puisque chaque mille vaut 10 centaines, une dizaine de mille vaut 100 centaines.

En raisonnant de la même manière vous trouverez qu'une centaine de mille vaut 100 unités de l'ordre des mille, le mot le dit déjà qu'un million vaut 100 dizaines de mille. Donc, *chaque unité d'un ordre quelconque vaut* 100 *unités de l'ordre qui est de deux rangs plus loin à la droite.* Vous pouvez dire aussi, ce qui revient au même : il faut 100 unités d'un ordre quelconque pour faire une unité de l'ordre qui est de deux rangs plus loin à la gauche.

QUESTIONNAIRE

Combien faut-il d'unités d'un ordre quelconque pour faire une unité de l'ordre qui est de deux rangs plus loin à gauche ?

Combien chaque unité d'un ordre vaut-elle d'unités de l'ordre qui est de deux rangs à sa droite?

Combien un mille vaut-il de dizaines?

Combien deux mille valent-ils de dizaines?

Combien faut-il de dizaines pour faire quatre mille? cinq mille?

Combien une dizaine de mille vaut-elle de centaines?

Combien de centaines valent cinq dizaines de mille? six dizaines de mille?

Combien faut-il de dizaines de mille pour faire un million? deux millions? cinq millions?

EXERCICES

4. Combien y a-t-il de dizaines dans les nombres 5000. — 3200. — 4440. — 5320. — 3200. — 6204. — 5321?

V. Rapports des ordres entre eux (suite).

Prenons maintenant l'ordre des dizaines de mille, et demandons-nous, cette fois, combien une dizaine de mille vaut d'unités de l'ordre qui est le troisième à sa droite, c'est-à-dire combien elle vaut de dizaines d'unités simples? Puisqu'une dizaine de mille vaut 10 fois mille, et qu'un mille vaut 100 dizaines, une dizaine de mille vaut donc 10 fois 100 dizaines, c'est-à dire 1000 dizaines.

En faisant le même raisonnement pour les

centaines de mille et les millions, vous verrez facilement qu'*une unité d'un ordre quelconque vaut mille unités de l'ordre qui est de trois rangs plus loin à sa droite.* Vous pourriez exprimer la même chose en disant : *Il faut mille unités d'un ordre quelconque pour faire une unité de l'ordre qui est de trois rangs plus loin vers la gauche.*

Nous pourrions encore calculer combien une unité d'un ordre quelconque vaut d'unités du quatrième, du cinquième, du sixième ordre vers la droite. Mais remettons ces calculs à l'année prochaine, et résumons ce que nous avons appris, afin de le retenir plus facilement dans notre mémoire.

Une unité d'un ordre quelconque vaut :

10 unités du premier rang qui suit à droite.

100 unités du second rang,

1000 unités du troisième rang,

en comptant toujours de gauche à droite. Rete nez bien ceci, mes enfants, vous verrez com- bien cela nous sera utile.

QUESTIONNAIRE

Combien chaque unité d'un ordre vaut-elle d'unités du troisième ordre à droite ?

Combien faut-il d'unités d'un ordre pour faire une unité du troisième ordre à gauche ?

EXERCICES

5. Combien y a-t-il de dizaines (en tout) dans les nombres 100004. — 20000. — 35000. — 25500. — 10540. — 13352 ?

6. Combien y a-t-il de centaines dans les nombres 100000. — 200000. — 400500. — 300450. — 340000. — 221800 ?

EXERCICES DE NUMÉRATION ÉCRITE

7. Il y a dans une ville deux cent mille trois cent vingt-deux habitants : écrivez ce nombre en chiffres.

8. La terre a quarante mille kilomètres de tour : écrivez ce nombre en chiffres.

9. La montagne du *Mont-Blanc* a quatre mille huit cent dix mètres de hauteur…. Le mont Etna trentre-trois mille trois cent trente-sept mètres….

10. Ce livre a été imprimé dans l'année mil huit cent soixante-onze….

11. L'imprimerie a été inventée en l'an mil quatre cent quatre-vingt-douze….

12. Il y a à Paris un million huit cent vingt-cinq mille habitants ; et à Londres, ville capitale de l'Angleterre, trois millions cent vingt mille habitants….

13. Dans une grande forêt on a trouvé un million deux cent vingt pieds d'arbres….

14. Dans un vaste champ, on a planté vingt-cinq mille trois cent quarante deux pieds de *colza*….

15. On a récolté dans un verger deux mille huit cent quatre-vingts poires, et trente-cinq mille huit cents pommes....

16. Une prairie a rapporté quinze mille huit cent cinquante bottes de foin....

17. Une propriété a été vendue deux cent trente mille cinq cent quarante francs....

18. Dans un pays où on élève du bétail, tous les troupeaux réunis forment un total de : trois cent mille deux cents vaches, cinquante mille bœufs de labour, cent mille cent cinquante chèvres, et un million cinquante-deux mille moutons. Écrivez ces nombres.

19. Dans le petit livre d'histoire naturelle que vous avez lu l'année dernière (Histoire naturelle, 2ᵉ année), il y a cent trente-sept mille huit cent vingt lettres : écrivez ce nombre.

20. Dans un hectolitre de blé de moyenne grosseur, il y a environ un million deux cent mille grains de blé....

21. On peut voir au ciel, par une belle nuit, à l'œil nu [1] (c'est-à-dire sans télescope), environ deux mille huit cents étoiles....

———

ADDITION

I. Conditions de l'opération.

Quel est le but de cette opération de calcul qu'on nomme : addition? Elle consiste, avons-

---

1. Voir le *Manuel*.

nous dit, à réunir en un seul groupe, à exprimer par un seul nombre, toutes les unités contenues dans plusieurs nombres. Par exemple, quand nous disons : 12 et 8 font 20, c'est une manière abrégée de dire : si nous réunissons 12 unités avec 8 unités, nous avons en tout 20 unités. Ou encore : le nombre 20 exprime combien il y a d'unités dans les nombres 12 et 8 réunis. Il est le total ou la *somme* de ces deux nombres.

Pour que des unités puissent être exprimées par un même nombre, il faut, vous vous en souvenez, qu'elles soient de *même nature*. Tous les nombres que nous voulons réunir en un seul par l'addition, doivent donc être composés d'unités ayant quelque chose de commun, afin qu'un même nom puisse leur convenir. La somme, le total formé de toutes ces unités réunies, sera évidemment de même nature, et recevra le même nom que les nombres qui ont servi à le former.

Si les nombres à additionner sont des nombres abstraits, l'espèce des unités qui les composent n'étant pas exprimée, rien ne nous dit de quelle nature doivent être celles du total : le total est donc aussi un nombre abstrait.

Quand on veut indiquer qu'un nombre doit être additionné avec un autre, on écrit devant le nombre à additionner ce signe $+$ qui signifie *plus*. Ce signe indique que le second nombre doit être *en plus* du premier pour former le total.

Ainsi, pour marquer qu'au nombre 12 nous devons ajouter le nombre 4, nous écrivons : 12 $+$ 4; ou, quand l'addition est posée,

$$12$$
$$+\ 4$$

et on lit : 12 plus 4, c'est-à-dire 4 ajouté à 12.

Non-seulement on n'additionne ensemble que des unités de même nature, mais, et pour la même raison, on n'additionne ensemble que des unités de même ordre. De là nous avons conclu, vous vous en souvenez, que pour faire en bon ordre une addition de deux nombres, il faut les écrire l'un sous l'autre, de manière que les unités soient sous les unités, les dizaines sous les dizaines, les centaines sous les centaines, et de même des autres ordres, s'il y en a. Alors, en commençant par la droite, on ajoute chaque chiffre d'un des nombres avec le chiffre cor-

respondant de l'autre nombre, pour former séparément le total de chaque ordre.

Mais vous n'avez encore additionné que des
nombres de deux ou de trois chiffres ; additionnons maintenant des nombres contenant des
centaines de mille et des millions. La seule différence, c'est que le calcul sera un peu plus
long. Le raisonnement et la manière d'opérer
sont les mêmes. —Écrivons :

$$1\ 343\ 214$$
$$+\ 2\ 122\ 312$$

Total (à trouver) : . . . .

Vous voyez que nous avons eu soin de mettre
les unités sous les unités, les dizaines sous les
dizaines, etc. Commençons notre opération par
l'ordre le moins élevé, c'est-à-dire par les unités
simples :

4 unités et 2 unités font 6 unités ;

1 dizaine et 1 dizaine font 2 dizaines ;

2 centaines et 3 centaines font 5 centaines ;

3 mille et 2 mille font 5 mille ;

4 dizaines de mille et 2 dizaines de mille
font 6 dizaines de mille ;

3 centaines de mille et 1 centaine de mille font 4 centaines de mille.

1 million et 2 millions font 3 millions.

L'opération est finie; si nous avons pris soin de poser chaque chiffre du total au même rang que les chiffres dont il est la somme, nous ne serons pas embarrassés pour lire :

$$
\begin{array}{r}
1\ 343\ 214 \\
+\ 2\ 122\ 312 \\
\hline
\end{array}
$$

Total : 3 465 526

QUESTIONNAIRE

Rappeler en quoi consiste l'addition. Qu'appelle-t-on la somme ?

Quel est le signe qui indique l'addition?

Comment doit-on énoncer ce signe ?

Rappeler le procédé général de l'addition (sans retenue).

EXERCICES

1. Faites les opérations indiquées ici :

    34 + 12.   21 + 300.   400 + 176.

2. Ajoutez ensemble les nombres :

        314 234   et   73 121.
      1 200 300   et   2 121 470.
      3 284 321   et   2 113 145.
      1 432 171   et   300 220.
      4 000 000   +   250 000.
      7 000 000   +   600 125.
      3 000 360   +   127 200.

II. La retenue.

Lorsqu'en additionnant les unités simples de deux nombres, nous trouvons un nombre contenant des dizaines, qu'avons-nous à faire, mes enfants? Écrivant tout d'abord sous les unités le chiffre qui exprime combien il y a d'unités simples en plus de la dizaine, ou bien y mettant un zéro s'il n'y en a pas, nous retenons la dizaine pour la mettre avec les dizaines. Nous l'ajoutons alors aux dizaines des deux nombres; ou s'il n'y en a pas d'autres, nous l'écrivons toute seule à son rang *en avant* des unités simples : c'est ce que nous appelons *avancer* la retenue.

Et si, en additionnant ensemble les dizaines, nous trouvons de même un nombre plus grand que neuf, douze dizaines par exemple, ce qui fait dix dizaines plus deux dizaines, nous écrivons ces deux dizaines à leur rang; puis, nous rappelant que dix dizaines font une centaine, nous ajoutons cette centaine aux autres centaines; ou s'il n'y en a pas d'autres, nous l'écrivons toute seule à son rang.

Mais si nous avons à additionner de ces grands nombres qui ont des centaines de mille et des millions, peut-être se trouvera-t-il que les chiffres d'un de ces ordres supérieurs étant additionnés ensemble, donneront aussi un nombre plus grand que neuf : que devrons-nous faire alors?

Simplement ce que nous avons déjà fait; raisonnant toujours de la même manière, nous additionnerons ainsi ces deux nombres par exemple :

$$3\ 478\ 644$$
$$+\ \ \ 662\ 668$$

Total : 4 141 312

Commençant comme toujours par les unités simples, nous disons :

4 et 8 font 12, une dizaine et deux unités; nous écrivons les deux unités et nous retenons la dizaine.

4 dizaines et 6 dizaines font 10 dizaines, qui, avec la dizaine retenue font 11 dizaines; c'est 10 dizaines plus 1 dizaine : posons la dizaine simple au rang des dizaines, et comme 10 dizaines font 1 centaine, retenons 1 centaine pour l'ajouter aux autres.

Continuons. 6 centaines et 6 centaines font 12 centaines, et avec la centaine retenue 13 centaines, c'est-à-dire 10 centaines plus 3 centaines; posons les 3 centaines, et gardons les 10 autres. Mais combien valent ces 10 centaines? — 1 mille; c'est donc 1 mille que nous retenons pour l'ajouter aux autres mille.

8 mille et 2 mille font 10 mille, et avec le mille retenu 11 mille, c'est-à-dire une dizaine de mille plus 1 mille; posons 1 mille, et retenons la dizaine de mille pour la mettre avec ses semblables.

7 dizaines de mille et 6 dizaines de mille font 13 dizaines de mille, et avec celle que nous avons retenue, 14, c'est-à-dire 10 dizaines de mille plus 4 dizaines de mille; écrivons les 4 dizaines de mille, et retenons les 10 dizaines de mille qui font 1 centaine de mille.

Enfin 4 centaines de mille et 6 centaines de mille font 10 centaines de mille, et avec la retenue, 11; posons 1 centaine de mille, et retenons les 10 autres. Mais 10 centaines de mille, c'est 1 million; nous allons joindre ce million retenu aux 3 millions du premier nombre, puisqu'il n'y a pas de millions à l'autre : cela fait 4 millions que nous écrivons à leur rang. Il ne nous reste plus qu'à lire le nombre total que nous avons trouvé.

Rappeler comment on doit agir lorsque les chiffres des unités simples donnent une somme plus grande que neuf?

Doit-on raisonner semblablement et agir de même avec les autres ordres?

Exposez la règle générale de la retenue.

EXERCICES

3. On a récolté, dans un verger, 3484 pommes et 4825 poires : combien de fruits en tout?

4. On a planté, le long d'une rivière, 3250 saules et 1968 peupliers : combien d'arbres cela fait-il?

5. Dans un petit bois on a compté 879 chênes et 653 charmes : combien d'arbres y a-t-il dans ce bois?

6. Dans un vaste pâturage on a compté 1247 moutons et 853 agneaux : combien de *bêtes à laine* paissent dans ce pâturage?

7. Faites les opérations indiquées ci-dessous :

$$24\ 318 \quad + \quad 18\ 482.$$
$$33\ 241 \quad + \quad 70\ 259.$$
$$144\ 286 \quad + \quad 663\ 476, \text{etc.}$$

III. Formule abrégée.

Nous venons de faire une addition de deux grands nombres, en raisonnant avec soin notre manière d'opérer. Voyons à quoi nous a conduits notre raisonnement. Nous avons ajouté les unes aux autres les unités d'ordre semblable dans les deux nombres. Quand ce total s'est trouve plus grand que 9, nous avons retenu la dizaine[1], et nous avons écrit les unités de cet ordre au rang où nous en étions; ou s'il n'y en avait pas en plus de la dizaine, nous avons mis un zéro pour tenir leur place.

En raisonnant, nous avons toujours trouvé qu'une dizaine retenue vaut *une unité* de l'ordre immédiatement supérieur. A quelque ordre que nous en fussions, notre raisonnement nous a toujours conduits là. Et alors, tout naturellement, nous avons ajouté cette unité d'ordre supérieur à ses semblables.

Maintenant que nous sommes sûrs d'avoir toujours à joindre la dizaine retenue aux unités de l'ordre immédiatement supérieur, nous le ferons désormais sans répéter le raisonnement à chaque fois, cela nous permettra d'aller plus vite dans notre opération. Et même, puisque la retenue se fait exactement de la même manière pour tous les ordres, nous pourrons encore nous dispenser de nommer les ordres sur lesquels nous opérerons. Pourvu que nous ayons soin d'écrire chaque chiffre à son rang, le total sera

1. Dans une addition de deux nombres comme toutes celles que nous avons faites jusqu'ici, la retenue ne peut jamais être autre que 1.

ste — si toutefois nous ne nous sommes pas ompés en calculant.

En outre, pour ne pas risquer d'oublier notre retenue, nous l'ajouterons tout d'abord au premier chiffre de l'ordre suivant.

Opérons de cette manière :

$$706\ 067$$
$$+\ \ 695\ 063$$

Total : . . .　　1 401 130

7 et 3 font 10; posons 0 (puisqu'il n'y a rien en plus de la dizaine) et retenons 1.

1 de retenu et 6 font 7, et 6 font 13 : posons 3 et retenons 1.

1 de retenu ajouté à 0 ce n'est toujours que 1 : écrivons 1.

6 et 5 font 11 : posons 1 et retenons 1.

1 de retenu et 9 font 10 : posons 0 et retenons 1.

1 retenu et 7 font 8, et 6 font 14 : posons 4 et avançons 1, puisqu'il n'y a pas d'autres unités de cet ordre. Le total est formé.

Vous le voyez, cette manière abrégée diffère de l'autre seulement en ce qu'on ne répète pas le raisonnement.

Pouvons-nous nous dispenser de tenir compte du nom des ordres d'unités en opérant (avec retenue)?

En quoi la manière abrégée diffère-t-elle de la manière explicative ?

EXERCICES

8. Il y a dans une ville 7500 habitants et 25 480 dans la campagne qui entoure cette ville : quel est le nombre total ?

9. On a transplanté dans un champ 12 489 pieds de colza, et 8784 betteraves : quel est le total de cette plantation ?

Faites les opérations suivantes :

$$731\ 848 \quad + \quad 620\ 000.$$
$$800\ 000 \quad + \quad 400\ 020.$$
$$876\ 543 \quad + \quad 123\ 457.$$
$$999\ 999 \quad + \quad 111\ 111.$$

IV. Addition de plus de deux nombres.

Si vous avez plusieurs groupes d'objets semblables à réunir en un seul, vous pouvez les ajouter l'un après l'autre; mais il est plus simple et plus rapide de les réunir d'un seul coup. De même si vous avez plusieurs nombres à additionner, vous pouvez d'abord ajouter le second nombre au premier, puis le total étant trouvé, y ajouter le troisième nombre. Au second total vous ajoutez le quatrième nombre, et ainsi de suite, tant qu'il y a des nombres à additionner. Vous pouvez certainement opérer ainsi, et vous arriverez juste, si vous ne vous trompez pas dans vos opérations. Seulement il vous faudra faire d'autant plus d'additions que vous aurez plus de nombres, ce qui sera très-long. Nous allons vous enseigner comment on peut faire, en une seule opération, le total de plusieurs nombres, grands ou petits.

Prenons pour exemple un *problème*.

Un problème, mes enfants, c'est une question qui a besoin, pour être résolue, d'un raisonnement, et d'une ou plusieurs opérations.

« Je suis allé au moulin; j'y ai acheté pour 104 francs de farine de froment, pour 61 francs de farine de seigle, et pour 33 francs de son; j'ai donné 4 francs au garçon meunier qui a chargé les sacs dans la voiture. Combien ai-je dépensé en tout? »

Pour le savoir, j'ai une addition à faire. Il faut que j'ajoute les unes aux autres toutes les sommes que j'ai déboursées, c'est-à-dire 104 francs, 61 francs, 33 francs et 4 francs. J'écris ces quatre nombres les uns sous les autres, en ayant soin de mettre les unités sous les unités, les dizaines sous les dizaines, etc.

Les unités simples, rangées les unes au-dessous des autres, forment ce qu'on appelle la *colonne des unités*, les dizaines de tous ces nombres forment la *colonne des dizaines*, et ainsi de suite. Voici les nombres posés :

$$
\begin{array}{r}
104 \\
61 \\
33 \\
4 \\
\hline
\end{array}
$$

Total : 202

Pour trouver ce total nous commençons par la colonne des unités simples, et nous disons en partant du haut : 4 et 1 font 5, — 5 et 3 font 8, — 8 et 4 font 12 : posons 2 à la colonne des unités et retenons 1 dizaine. Passons à la colonne des dizaines, et laissant le zéro qui signifie *rien* disons : 1 de retenu et 6 font 7, — 7 et 3 font 10 ; posons 0 aux dizaines et retenons 1, qui est une centaine. Nous ajoutons cette centaine à la centaine du premier nombre, et nous avons 2 centaines à écrire au total.

Quand on sait très-bien faire une addition

n se dispense de répéter les nombres auxquels
n a encore quelque chose à ajouter. Au lieu
le dire : 4 et 1 font 5, — 5 et 3 font 8, — 8 et
ı font 12; on dit tout simplement : 4 et 1, 5;
t 3, 8; et 4, 12; ce qui abrége encore.

QUESTIONNAIRE

Peut-on additionner, en une seule opération, plus de
leux nombres à la fois ?

Comment faut-il alors disposer l'opération ?

Comment appelle-t-on la rangée des chiffres de même
ordre disposés l'un au-dessous de l'autre ?

EXERCICES

10. Une grande avenue plantée d'arbres contient 20 ormes,
10 platanes, 5 chênes et 30 châtaigniers : combien d'ar-
ores forment cette avenue ?

11. Il y a, dans la prairie, un troupeau composé de 32
brebis, 16 agneaux, 11 vaches, 10 chèvres : combien y a-t-il
le têtes de bétail dans ce troupeau ?

12. Dans un petit jardin on a recueilli, en un jour, 62
pommes, 14 poires, 30 abricots, 5 pêches, 110 prunes :
combien cela fait-il de fruits à mettre dans le fruitier ?

13. Le long du ruisseau de la prairie il y a 22 saules, 14
peupliers, 34 aulnes, 8 osiers : combien d'arbres ornent les
rives du petit ruisseau ?

14. A l'école du village il y a 25 enfants dans la première
classe, 65 dans la seconde, et 98 dans la petite : combien
d'écoliers fréquentent cette école ?

15. Pour mesurer à peu près le contour d'un champ

ayant la forme d'un triangle, on a compté les pas ainsi qu'il suit : le grand côté a 318 pas, le moyen 216 et le petit 194 : quel nombre de pas a-t-on fait autour du champ ?

16. On veut planter des arbres sur le contour d'un vaste champ, le long du talus. Ce champ a la forme d'un rectangle. Pour chacun des grands côtés il faut 148 arbres, et 72 pour chacun des petits : combien faut-il acheter de pieds d'arbres ?

V. Addition de plus de deux nombres (suite).

Encore un problème.

« Nous avons dans notre cave un tonneau qui contient 120 litres de vin ; un petit baril qui en contient 68 ; un autre dans lequel il en reste encore 18 litres ; enfin 66 litres sont en bouteilles. Nous voulons savoir ce que nous avons de litres de vin en tout. » Quelle opération faut-il faire ? Évidemment une addition. Posons donc :

$$
\begin{array}{r}
120 \\
68 \\
18 \\
66 \\
\hline
\end{array}
$$

Total : 272

8 et 8 font 16 — et 6, 22. Qu'est-ce que 22 ?
C'est 2 dizaines et 2 unités. Nous avons donc
cette fois 2 dizaines à retenir au lieu d'une.
Alors nous posons 2 unités et nous retenons
2 dizaines. Puis, passant à la colonne des dizaines, nous disons : 2 de retenus et 2 font 4 ;
et 6, 10 ; et 1, 11 ; et 6, 17 : posons 7 et retenons 1.

Enfin passant aux centaines, nous disons :
1 de retenu et 1 font 2, que nous écrivons au
rang des centaines.

Ceci vous fait voir, mes enfants, que quand
on a plusieurs nombres à additionner, on peut
avoir non-seulement une dizaine à retenir, mais
2, 3, 4 dizaines, ou même davantage. Il
n'est pas plus difficile de retenir et d'ajouter à
l'ordre suivant 2, 3 ou 4, que 1.

Faisons encore cette addition.

$$388$$
$$68$$
$$145$$
$$9$$
$$\overline{}$$

Total : . . .   610

Nous dirons en abrégeant :
8 et 8 font 16 ; et 5, 21 ; et 9, 30 : posons 0

et retenons 3. Puis 3 de retenus et 8 font 11 ; et 6, 17 ; et 4, 21 : posons 1 et retenons 2. Enfin 2 de retenus et 3, font 5 ; et 1, 6 : posons 6, et nous avons pour total 610.

Pour en venir à calculer rapidement, il faut, mes enfants, s'exercer à faire beaucoup de problèmes et d'opérations. Vous savez le vieux proverbe : C'est en forgeant qu'on devient forgeron.

QUESTIONNAIRE.

Quand on additionne plusieurs nombres à la fois, peut-il arriver qu'on ait plus de 1 à la retenue ?

Comment doit-on agir quand on a 2, ou 3, ou davantage à la retenue ?

EXERCICES.

17. On a recueilli les oranges de cinq orangers : dans le premier il y avait 75 oranges, dans le deuxième 36, dans le troisième 48, dans le quatrième 20, et 119 dans le cinquième : quel est le nombre total des oranges ?

18. On veut monter au sommet d'une haute tour qui a 5 étages. Du sol au premier étage l'escalier a 22 marches ; du premier au deuxième il y a 18 marches, 24 du deuxième au troisième, 16 du troisième au quatrième, et 15 du quatrième à la plate-forme du cinquième. Il y a, en outre, un perron de 7 marches devant la porte. Combien de marches faut-il monter pour arriver au sommet de la tour ?

19. Pour faire le manuscrit d'un petit livre, l'auteur a travaillé 212 jours ; le graveur qui a gravé les dessins, 77 jours ; le copiste qui a copié le brouillon, 8 jours ; les im-

rimeurs ont mis 27 jours à l'imprimer , et le relieur
jour à le relier : combien de jours de travail représente
e petit livre?

20. Un enfant a planté un jour dans son petit jardinet, 7
ieds de pensée, 13 de primevères, 8 de violettes blanches
t 5 de violettes bleues; il a planté le lendemain 4 pieds
le giroflée, 8 violiers; puis il a formé la bordure de 29
ieds de marguerites. Combien son jardin contient-il de
lantes?

21. Dans mon parterre il y a sept rosiers. 12 roses blan-
hes sont épanouies sur le premier, 8 roses jaunes sur le
second, 7 roses pourpres sur le troisième, 20 roses rouge-
eu sur le quatrième. Le cinquième porte 3 roses moussues,
e sixième 7 églantines blanches, et le septième 25 églan-
ines roses. Si je cueillais toutes ces roses, combien y en
aurait-il dans le bouquet?

22. Dans une mine de fer 416 mineurs travaillent; 62 fon-
deurs sont occupés aux hauts fourneaux, 350 forgerons
forgent le fer, et 12 contre-maîtres dirigent le travail :
combien y a-t-il d'ouvriers employés à cette usine ?

23. Sur le premier rayon d'une bibliothèque il y a 312
livres; 175 sur le second, 290 dans le troisième, 60 sur
le quatrième : quel est le nombre de livres que contient
cette bibliothèque?

24. Dans un village il y a 1240 habitants; dans un second 820, et 3175 dans le troisième : combien y a-t-il
d'habitants dans les trois villages réunis?

25. On a acheté chez le libraire les fournitures suivantes
pour une classe :

Livres	128 fr.
Papier	20 fr.
Plumes	8 fr.
Encre	7 fr.

Crayons   12 fr.
Équerres   4 fr.
Règles   2 fr.

Quel est le total de la facture à payer ?

26. A la fin de la semaine, un fermier va payer ses tra-vailleurs. Il doit :

Aux bergers   72 fr.
Aux laboureurs   228 fr.
Au jardinier   25 fr.
Aux servantes   64 fr.
Aux faneurs   88 fr.

Quelle somme lui faut-il pour les payer tous [1]?

27. Additionner les nombres suivants :

$$
\begin{array}{llll}
12 + 101 + 413 + 1020 \\
35 + 7 + 5 + 1003 \\
2000 + 500 + 3 + 121 + 88 \\
1111 + 888 + 222 + 1 \\
98 + 37 + 12 + 102 \\
444 + 222 + 321 + 123 \\
20\ 000 + 150 + 3 + 1200 \\
75 + 25 + 50 + 99 \\
125 + 718 + 347 \\
1348 + 2534 + 760
\end{array}
$$

1. Multiplier ces exercices en variant seulement les nom-bres.

SOUSTRACTION

I. Conditions de l'opération

Que faut-il pour que nous puissions faire une soustraction? Vous le savez, mes enfants : il faut que le nombre à soustraire soit plus petit que celui dont on veut le retrancher, ou tout au moins qu'il ne soit pas plus grand.

Ces deux nombres, celui que l'on soustrait et celui dont on soustrait, sont appelés les deux *termes* de l'opération. Le plus grand, celui dont on soustrait, s'écrit au-dessus : nous l'appellerons donc le terme *supérieur*. Le plus petit nombre, celui qu'on doit retrancher de l'autre, s'écrit au-dessous : nous l'appellerons naturellement le terme *inférieur*.

Supposons, mes enfants, que vous ayez 6 bûchettes représentant des unités; vous en ôtez 4, que vous mettez à part, il vous en reste 2. Si vous réunissez de nouveau les 4 bûchettes que vous avez enlevées, aux 2 qui vous restent, évidemment vous en aurez autant que vous en aviez d'abord, c'est-à-dire 6, puisque vous avez remis ce que vous aviez soustrait.

Vous pourriez raisonner absolument de même

sur d'autres nombres, car il est évident que si on réunit ce qui reste avec ce qu'on a retranché, on retrouve exactement ce qu'on avait d'abord. En d'autres termes : en ajoutant le *reste* d'une soustraction au *terme inférieur*, on reproduit le *terme supérieur*.

Le *reste* est donc : *ce qu'il faudrait ajouter au nombre inférieur pour trouver le nombre supérieur;* ou : ce qui manque au plus petit pour être égal au plus grand. Ou enfin, le *reste* est la différence qui existe entre le plus petit et le plus grand. C'est pour cela que le reste d'une soustraction s'appelle aussi la *différence*.

Pour indiquer qu'un nombre doit être soustrait d'un autre nombre, on écrit *devant le nombre à soustraire* ce petit trait ou signe — qu'on énonce *moins;* il indique que le nombre qui suit ce signe doit être *en moins*, c'est-à-dire doit être retranché de celui qui précède. Ainsi pour indiquer que 4 doit être retranché de 12, on écrit : 12 — 4.

Ou bien on pose la soustraction ainsi :

$$
\begin{array}{r}
12 \\
-\ 4 \\
\hline
.\ .\ .
\end{array}
$$

Et on lit 12 *moins* 4.

Remarquez, mes enfants, que le nombre supérieur d'une soustraction étant composé, comme tous les autres nombres, d'unités de même espèce, les unités retranchées, et le *reste*, sont nécessairement de la même espèce que le premier nombre dont ils faisaient d'abord partie.

Quand nous soustrayons un nombre concret d'un autre nombre concret, par exemple, 6 pommes de 8 pommes, les deux termes de notre soustraction sont composés d'unités semblables; et le reste 2, est nécessairement composé aussi d'unités de même nature que les deux termes, c'est-à-dire de pommes. Si les nombres de la soustraction sont abstraits, le reste est également un nombre abstrait.

QUESTIONNAIRE

Quelle condition est nécessaire pour qu'on puisse retrancher un nombre d'un autre nombre ?

Comment nomme-t-on les deux nombres d'une soustraction ?

Où place-t-on le plus grand des deux termes ? Comment le nomme-t-on ? Que veut dire le mot *supérieur ?*

Où écrit-on le plus petit ? Comment le nomme-t-on ? Que veut dire le mot *inférieur ?*

Quand on a fait une soustraction, si on ajoute le plus petit terme au reste, que doit-on retrouver?

Que faut-il ajou'er au nombre inférieur pour le rendre égal au nombre supérieur?

Pourquoi le reste s'appelle-t-il aussi différence?

Par quel signe indique-t-on qu'un nombre doit être soustrait d'un autre nombre?

Comment s'énonce le signe de la soustraction?

Avant lequel des deux nombres le place-t-on?

II. Soustraction (sans compensation).

Nous avons fait l'année dernière des opérations de soustraction. Nous avons raisonné plusieurs cas qui peuvent se présenter, entre autres les cas où le zéro nous créerait des difficultés, si nous n'étions sur nos gardes.

Maintenant nous allons aborder de gros nombres. L'opération sera-t-elle plus difficile?

Non; elle sera plus longue puisqu'il y a plus de chiffres à calculer, mais voilà tout.

Du nombre : 3 803 423
nous voulons retrancher 602 401

. . . . .

Nous voyons du premier coup d'œil que le

terme supérieur, ayant sept chiffres, contient des millions; et que le terme inférieur, ayant six chiffres, ne contient que des centaines de mille. Le second est donc plus petit, et peut être retranché du premier.

Nous écrivons ces deux termes, le plus grand dessus, le plus petit dessous; en prenant soin de mettre les unités sous les unités, les dizaines sous les dizaines et ainsi de suite, comme à l'ordinaire. Nous commençons par les unités en disant, sans nous donner la peine de nommer les ordres, afin d'abréger :

1 ôté de 3, il reste 2. 0 ôté de 2, il reste 2. 4 ôté de 4, il ne reste rien, nous marquons 0. 2 ôté de 3, il reste 1. 0 ôté de 0, il reste 0. 6 ôté de 8, il reste 2. 3 dont il n'y a rien à ôter, il reste 3. Comme nous avons écrit à mesure, et bien à leur rang, les chiffres indiquant combien il reste d'unités de chaque ordre, nous voyons que le nombre ainsi formé, exprime ce qui reste en tout :

$$3\ 803\ 423$$
$$602\ 401$$
$$\overline{3\ 201\ 022}$$

A la leçon suivante, mes enfants, vous verrez

que l'opération de la soustraction n'est pas toujours aussi facile.

Rappelez en quoi consiste le procédé général de la soustraction (sans compensation)?

Comment pose-t-on la soustraction? par où la commen-
ce-t-on?

EXERCICES

1. Nous avions au fruitier 326 pommes; nous en avons
mangé 124, combien en reste-t-il?

2. Un grand poirier portait 487 poires, une tempête en a
fait tomber 314, combien en reste-t-il sur l'arbre?

3. Nous avions dans une pépinière 3847 pieds d'arbres;
nous en avons transplanté 2841, combien en reste-t-il dans
la pépinière?

4. 3286 travailleurs étaient occupés à construire un chemin de fer; on en a détaché 1220 pour les envoyer ail-
leurs : combien d'ouvriers restent à leur premier travail?

5. Dans un village d'agriculteurs, il y a 3764 habitants;
1620 habitants sont partis pour aller faire la moisson dans
la plaine : combien reste-t-il d'habitants au village?

6. Il y avait dans une armée 28 769 soldats. Il en a été
tué 12 704 dans la bataille. Combien reste-t-il d'hommes de
cette armée?

7. Faites les opérations suivantes :

1 238 420	—	217 100
873 498	—	323 007
8 180 000	—	1 020 000
780 121	—	170 020
999 999	—	123 456
338 200	—	128 000
2 122 450	—	1 104 120

III. Principe de la compensation

Laissons maintenant ces gros nombres pour faire une réflexion.

Vous avez un certain nombre d'amandes, et vous voulez en donner quelques unes, quatre par exemple. Plus vous avez d'amandes, plus il vous en restera après que vous aurez séparé celles que vous voulez donner. Cela est évident. *Plus le nombre dont on soustrait est grand, plus grand aussi est le reste.* Ainsi, mes enfants, quand nous ajoutons un certain nombre d'unités au terme supérieur d'une soustraction, c'est autant d'unités qui resteront en plus.

Autrement dit : *le reste devient plus grand d'autant d'unités que nous en ajoutons au terme supérieur.*

Le contraire se produit si on augmente le terme inférieur, et cela est tout naturel. Plus on vous retire d'amandes par exemple, moins il vous en reste : donc *plus le nombre à retrancher sera grand, plus le reste sera petit.*

Ainsi, quand vous ajoutez 1 ou 2 ou 3 unités au terme inférieur, c'est 1 ou 2 ou 3 unités de plus à retrancher du terme supérieur; et, par conséquent c'est 1 ou 2 ou 3 unités qui seront en moins au reste. C'est ce que nous exprimons en disant : *Quand on augmente le terme inférieur d'une soustraction, le reste devient plus petit d'autant d'unités qu'on en a ajouté au terme inférieur.*

En augmentant le terme supérieur d'une soustraction, nous augmentons d'autant le reste; en augmentant le terme inférieur d'une soustraction, nous diminuons le reste d'une quantité égale : mais si nous ajoutions la même quantité aux deux termes, qu'arriverait-il?

Ajoutons par exemple 1 dizaine au terme supérieur, et 1 dizaine au terme inférieur : la première de ces opérations *augmente* le *reste* d'une dizaine; mais puisque la seconde le *diminue* d'une dizaine aussi, nous lui en retirons autant que nous lui en ajoutons : c'est absolument comme si nous ne l'avions ni augmenté ni diminué, le reste est toujours ce qu'il était d'abord.

Donc *quand on augmente de la même quantité les deux termes d'une soustraction, le reste ne change point*, la différence est toujours la même. Ainsi nous avons 22 à soustraire de 34; si nous ajoutons 1 dizaine à chacun de ces nombres :

```
1er terme. . 34 ajoutons 10 nous avons. . 44
2e terme. . 22 ajoutons 10 nous avons. . 32
                ___                           ___
reste. . . 12                  reste. . . 12
```

le reste est toujours le même, parce que les deux termes ont été augmentés d'une quantité égale.

QUESTIONNAIRE

Quand on a un certain nombre à ôter d'un autre plus grand, qu'arrive-t-il au reste si on augmente le nombre à *soustraire*?

Qu'arrive-t-il quand on ajoute un certain nombre d'unités, de dizaines ou de centaines, au terme supérieur d'une soustraction ?

Qu'arrive-t-il si on ajoute un certain nombre d'unités, de dizaines, de centaines ? etc., au terme inférieur d'une soustraction?

Qu'arrive-t-il si on ajoute une même quantité aux deux termes de la soustraction?

Pourquoi le reste ne change-t-il pas alors ?

IV. Pratique de la compensation.

Une question, maintenant.

Du nombre 32 pouvez-vous ôter 18? Certainement, dites-vous, puisque 18 est plus petit que 32 : on peut toujours soustraire un plus petit nombre d'un plus grand. C'est juste. Posons donc les chiffres et faisons l'opération.

$$32$$
$$-\ 18$$

Nous devons, vous le savez, retrancher les unités des unités, les dizaines des dizaines. Disons donc : 8 ôtés de 2.... Comment?... cela n'est pas possible ! De 2 on ne peut pas ôter 8, puisque 8 est plus grand que 2. Pourtant nous avons dit que notre soustraction est possible; il faut qu'il y ait un moyen de s'y prendre.

Le moyen, mes enfants, résulte de ce que nous vous avons expliqué à la leçon précédente; le voici : De 2 unités nous ne pouvons retrancher 8 unités; eh bien, nous allons dans notre pensée ajouter 1 dizaine à ces 2 unités, cela nous fera 12 unités. De 12 nous pouvons retrancher 8; nous dirons donc : 8 ôtés de 12, il reste 4. Écrivons 4 au reste, à la colonne des unités.

En ajoutant ainsi une dizaine aux 2 unités nous avons augmenté d'une dizaine le terme supérieur.... Sans doute; alors, pour que le reste n'en soit pas changé, que faut-il? augmenter aussi d'une dizaine le terme inférieur : cela fera *compensation*.

Nous allons donc ajouter une dizaine au nombre inférieur. Mais à quel rang? Évidemment au rang des dizaines. Cette dizaine de compensation et la dizaine de notre terme inférieur font 2 dizaines : 2 dizaines ôtées de 3 dizaines, il reste 1 dizaine :

$$
\begin{array}{r}
32 \\
- 18 \\
\hline
\end{array}
$$

Différence : . . . 14

Un autre exemple :

« Nous avions une pièce de toile de 34 mètres de longueur, nous en avons employé 26 mètres combien nous reste-t-il de mètres de toile? » Pour le savoir, nous avons, comme vous le voyez, une soustraction à faire :

$$
\begin{array}{lll}
\text{de} & 34 & \text{mètres de toile} \\
\text{ôtez} & 26 & \text{mètres} \\
\hline
\end{array}
$$

Oter 6 de 4, n'est pas possible. Ajoutons à 4 une dizaine, cela nous fait 14. Maintenant nous pouvons ôter 6 de 14; il reste 8, que nous écrivons au rang des unités. Pour que la différence ne soit pas changée, ajoutons aussi 1 dizaine à notre terme inférieur; cette dizaine de compensation jointe aux 2 autres, nous fait 3 dizaines à retrancher : 3 dizaines ôtées de 3 dizaines, il ne reste rien. Nous n'avons pas besoin d'écrire un zéro, puisqu'il n'y a pas à gauche d'autre ordre dont il faille réserver le rang; le reste est donc 6. C'est la quantité de mètres de toile qu'il y a encore dans la pièce.

Enfin un dernier exemple. Nous avons posé cette soustraction :

$$\begin{array}{r} 30 \\ -\ 6 \\ \hline 24 \end{array}$$

Nous voulons savoir quelle est la différence entre ces deux nombres. Nous disons d'abord en commençant par les unités : 6 ne peut pas être ôté de 0; là où il n'y a rien on ne peut rien prendre. Nous ajoutons alors 10 unités au terme supérieur, et comme il n'y a pas d'autres unités à réunir à celles-là, c'est de ces 10 unités seulement que nous retranchons 6 unités :

il en reste alors 4. Maintenant il faut que nous ajoutions aussi 1 dizaine au terme inférieur; mais comme il n'y a pas de dizaines à ce terme, celle que nous ajoutons sera seule à retrancher des dizaines du nombre supérieur. Sans prendre la peine de l'écrire nous la retranchons en disant : 1 dizaine ôtée de 3, il en reste 2 ; nous écrivons ces deux dizaines à leur rang, et nous avons pour différence 24.

QUESTIONNAIRE

Peut-il arriver qu'un nombre plus petit qu'un autre ait pourtant un de ses chiffres plus grand que le chiffre du même ordre de l'autre nombre ? Donnez un exemple.

Comment faire si le chiffre des unités du terme inférieur est plus grand que le chiffre des unités du nombre supérieur ?

Après avoir ajouté dix unités au chiffre du nombre supérieur, que faut-il faire pour que le reste ne soit pas changé ?

Comment appelle-t-on cette manière de procéder ?

Où ajouterons-nous la dizaine de compensation au nombre inférieur ?

Et s'il n'y a pas de dizaines au nombre inférieur ?

Si le chiffre des unités du nombre supérieur est zéro, devrons-nous opérer encore de la même manière ?

EXERCICES

8. Un berger avait 131 moutons. Le loup en a mangé 3: combien en reste-t-il ?

9. Hier nous avions compté 22 roses sur le rosier. Le vent en a effeuillé 8 ce matin : combien en reste-t-il ?

10. Il y avait 12 belles grappes sur mon pied de vigne. Le renard en a croqué 5. Combien en reste-t-il ?

11. J'avais planté 26 pieds de giroflée, mais 8 ont péri. Combien ont pris racine ?

12. J'avais 24 francs dans ma bourse ; j'en ai dépensé 18 : que me reste-t-il ?

13. J'avais 71 francs dans ma bourse, quand je suis sorti pour faire mes achats. Il ne me reste plus que 38 fr. Combien ai-je dépensé ?

14. Le petit Pierre a 7 ans, et son grand frère en a 15. Quelle différence d'âge y a-t-il entre eux ?

15. J'avais cueilli 120 noisettes dans le bois ; j'en ai mangé quelques-unes, et rentré à la maison, je n'en ai plus trouvé que 108. Combien en ai-je mangé ?

16. J'étais ce matin à 12 lieues de ma demeure : j'en ai fait 7 ; quelle distance ai-je encore à parcourir pour y arriver ?

17. Sur les bords de l'étang il y a 25 beaux arbres ; 8 sont des aulnes, les autres sont des châtaigniers : combien y a-t-il de châtaigniers ?

18. Adèle a 13 ans : quel âge avait-elle il y a 5 ans ?

19. Louis a 22 ans et sa petite sœur a 7 ans. Quel âge avait-il quand elle est née ? Quelle opération faut-il faire pour le savoir ?

20. Faites les opérations suivantes :

20	—	17	43	—	16	28	—	9	34	—	17
60	—	25	120	—	14	346	—	28	680	—	118

V. Pratique de la compensation (Suite).

Nous voulons soustraire 182 de 324 :

$$324$$
$$- 182$$

Reste.... 142

Notre opération posée nous commençons : 2 ôtés de 4, il reste 2 ; 8 ôtés de 2.... nous n'avons ici que 2 dizaines, nous ne pouvons en retrancher 8 dizaines. Que faire ? Ce que nous avons déjà fait pour les unités simples : c'est-à-dire, à ces 2 dizaines ajouter 10 dizaines ou 1 centaine ; cela fera 12 dizaines ; nous en retrancherons 8, il en restera 4 que nous poserons au rang des dizaines.

Maintenant, comme nous avons ajouté 1 centaine au nombre supérieur, nous allons, pour faire compensation, en ajouter une aussi au nombre inférieur ; nous dirons donc : 1 centaine de compensation et 1 centaine que nous avons, font 2 centaines ; ôtons-les des 3 centaines du nombre supérieur, il reste 1 centaine ; nous trouvons pour différence : 142. Ce reste est exact, puisque nous avons augmenté d'une même quantité les deux termes de la soustraction.

Quelque grands que soient les nombres, mes enfants, il n'y a pas plus de difficultés; on opère toujours de la même manière. Otons 810 de 2630 :

$$
\begin{array}{r}
2630 \\
-\ 810 \\
\hline
\end{array}
$$

Différence :   1820

Nous disons : 0 ôté de 0, reste 0; 1 dizaine ôtée de 3 dizaines, il reste 2 dizaines; 8 centaines ôtées de 6 centaines, cela ne se peut : alors aux 6 centaines ajoutons-en 10, cela fait 16 centaines; nous en retranchons 8, il en reste 8. Mais comme nous avons ajouté 10 centaines ou un mille au terme supérieur, il faut ajouter le même nombre au terme inférieur. Nous n'avons pas besoin d'écrire 1 au rang des mille; nous disons tout de suite : 1 mille de compensation ôté de 2 mille, reste 1 mille, que nous écrivons à la différence.

QUESTIONNAIRE

Que ferons-nous si le chiffre des dizaines du terme inférieur est plus grand que le chiffre des dizaines du terme supérieur ?

Combien les dix dizaines ajoutées valent-elles d'unités?
Que devons-nous faire pour établir la compensation?

(Mêmes questions pour l'ordre des centaines, des mille, les dizaines et centaines de mille.)

On doit donc raisonner de la même manière pour tous es ordres?

EXERCICES

21. On a acheté une caisse contenant 120 oranges; il y en avait 50 de gâtées : combien en reste-t-il de bonnes?

22. Nous étions partis 132 voyageurs pour faire une excursion. En route 61 se sont arrêtés : combien sont arrivés au terme du voyage?

23. Maurice a cueilli 340 châtaignes. En revenant il en distribue à tous ses camarades : il n'en reste plus pour lui que 52 : combien en a-t-il donné?

24. Dans une barrique, il y a 230 litres de vin. Quand on en a ôté 86 litres, combien en reste-t-il?

25. Nous avions pris en sortant 312 francs; nous en avons dépensé 121 : que nous reste-t-il?

26. Il y avait dans le poulailler 108 œufs. La fermière en a enlevé 13; combien en reste-t-il?

27. Faire les opérations suivantes :

$$124 - 32 \quad 348 - 169 \quad 3240 - 1840.$$

VI. Formule abrégée.

Vous avez dû remarquer, mes enfants, que dans toutes les opérations que nous venons de faire, lorsqu'un des chiffres du nombre inférieur était plus grand que le chiffre correspondant du nombre supérieur, nous avons fait un raisonnement tout semblable pour les unités, les dizaines, les centaines et les mille. En résumé voici ce que nous avons fait.

Quand le chiffre supérieur s'est trouvé trop faible pour contenir le chiffre inférieur, nous y avons ajouté 10 unités de même ordre que lui; et pour que le résultat de l'opération n'en fût pas altéré, nous avons ajouté au terme inférieur, *par compensation*, une unité de l'ordre qui suit immédiatement à gauche, ce qui représente la même quantité. C'est ainsi que nous ferons dans toutes les soustractions quand le même cas se présentera, et pour tous les ordres, quels qu'ils soient.

Le raisonnement et la manière d'opérer étant les mêmes pour tous les ordres, quand nous voulons abréger nous pouvons nous dispenser de répéter le raisonnement, et ne pas nommer les ordres. Si par exemple nous avons cette soustraction à faire :

$$\begin{array}{r} 2208 \\ -\ 199 \\ \hline 2009 \end{array}$$

nous disons, en ajoutant par la pensée les dizaines nécessaires : 9 ôtés de 18, reste 9; 10
ôtés de 10, reste 0; 2 ôtés de 2, reste 0. Rien
ôté de 2, reste 2.

Nous venons de faire un raisonnement abrégé
sans nous préoccuper du nom des ordres; et
nous avons pensé ce raisonnement sans l'exprimer. Enfin nous pouvons supprimer le mot *ôter*,
le mot *de* suffisant pour indiquer la soustraction. Avec ces abréviations nous irons très-
vite; voyez :

$$\begin{array}{r} 2208 \\ -\ 199 \\ \hline 2009 \end{array}$$

9 de 18 reste 9; 10 de 10 reste 0; 2 de 2
reste 0; rien de 2, reste 2, la différence est
2009. Le calcul est fait en un instant.

Ici, mes enfants, nous répétons ce que nous
avons dit à propos de l'addition : si vous voulez vous habituer à faire vite et bien les soustractions, exercez-vous à les faire tantôt en
prononçant le raisonnement, tantôt par la manière abrégée, en vous contentant de le penser.

Énoncer la règle générale de la compensation.

Puisque la compensation se fait de la même manière quel que soit l'ordre, pouvons-nous, pour abréger, ne pas énoncer le nom des ordres?

28. Une montagne a 3140 mètres de hauteur; la colline qui est au pied a 345 mètres seulement. Quand nous sommes sur le sommet de cette colline, de combien le sommet de la montagne nous dépasse-t-il encore?

29. Un réservoir d'eau contient 1020 litres; si on en fait écouler 140 litres, que restera-t-il encore?

30. Dans une année il y a 365 jours. Sur ce nombre il y a 52 dimanches, 52 jeudis, et 60 jours de vacances. Combien avons-nous de jours de congé? Combien nous reste-t-il de jours d'étude?

31. Faire les opérations suivantes :

128	— 32	1280	— 320	2730	— 163
1280	— 380	1285	— 372	1200	— 605
7000	— 500	3541	— 625	1221	— 332

VII. Preuve de la soustraction.

Quand on fait de longues soustractions, il peut arriver qu'on se trompe; alors le *reste* est inexact, et rien n'en avertit. Pour s'assurer qu'on ne s'est pas trompé, il faut vérifier la soustraction, c'est-à-dire en faire la *preuve*.

Vous savez, mes enfants, qu'en ajoutant le reste d'une soustraction au terme inférieur, *on doit* retrouver le nombre supérieur. Donc, quand notre soustraction est faite, additionnons le reste avec le terme inférieur. Si le total reproduit le terme supérieur, c'est la preuve que la soustraction est juste. Si nous ne retrouvions pas le terme supérieur, l'opération serait fausse, et il faudrait la recommencer.

Voici une soustraction avec sa *preuve* pour vous montrer comment on procède.

SOUSTRACTION

Terme supérieur.	328
Terme inférieur	184
Reste.	144

PREUVE.

Reste	144
Terme inférieur	184
Total égal au terme supérieur.	328

QUESTIONNAIRE

Quand une soustraction est faite, s'aperçoit-on au premier coup d'œil si l'opération est bonne?

Que faut-il faire pour s'en assurer?

EXERCICES

32. Faire la preuve de la solution des problèmes des paragraphes 28, 29 et 30.

Le professeur posera d'autres problèmes. Chaque élève fera l'opération sur son cahier et la vérifiera.

MULTIPLICATION.

I. Table de multiplication.

Nous ne vous répéterons pas ici, mes enfants, ce que nous avons dit, l'année dernière, de la multiplication. Nous pensons que vous n'avez pas oublié ce que c'est que le *multiplicande*, le *multiplicateur*, les *facteurs*, le *produit*. Tout cela étant bien compris, nous pouvons aller en avant.

Désormais, quand nous voudrons indiquer qu'un nombre doit être multiplié par un autre, nous écrirons entre les facteurs le signe que voici $\times$ et qu'on énonce : *multiplié par*.

Ainsi pour exprimer que 9 doit être multiplié par 3 nous écrivons 9×3, ou si l'opération est posée :

$$\begin{array}{r} 9 \\ \times\ 3 \\ \hline \end{array}$$

nous lisons : 9 multiplié par 3.

Mais pour résoudre facilement des problèmes de multiplication, ce qui est très-intéressant, il faut tout d'abord savoir par cœur le produit des 10 premiers nombres. C'est ce qu'on appelle la table de multiplication ; et cette fois, il faut la savoir tout entière.

2	fois	2	font	4	5	fois	2	font	10
2	—	3	—	6	5	—	3	—	15
2	—	4	—	8	5	—	4	—	20
2	—	5	—	10	5	—	5	—	25
2	—	6	—	12	5	—	6	—	30
2	—	7	—	14	5	—	7	—	35
2	—	8	—	16	5	—	8	—	40
2	—	9	—	18	5	—	9	—	45
2	—	10	—	20	5	—	10	—	50

3	fois	2	font	6	6	fois	2	font	12
3	—	3	—	9	6	—	3	—	18
3	—	4	—	12	6	—	4	—	24
3	—	5	—	15	6	—	5	—	30
3	—	6	—	18	6	—	6	—	36
3	—	7	—	21	6	—	7	—	42
3	—	8	—	24	6	—	8	—	48
3	—	9	—	27	6	—	9	—	54
3	—	10	—	30	6	—	10	—	60

4	fois	2	font	8	7	fois	2	font	14
4	—	3	—	12	7	—	3	—	21
4	—	4	—	16	7	—	4	—	28
4	—	5	—	20	7	—	5	—	35
4	—	6	—	24	7	—	6	—	42
4	—	7	—	28	7	—	7	—	49
4	—	8	—	32	7	—	8	—	56
4	—	9	—	36	7	—	9	—	63
4	—	10	—	40	7	—	10	—	70

8	fois	2	font	16		9	fois	2	font	18
8	—	3	—	24		9	—	3	—	27
8	—	4	—	32		9	—	4	—	36
8	—	5	—	40		9	—	5	—	45
8	—	6	—	48		9	—	6	—	54
8	—	7	—	56		9	—	7	—	63
8	—	8	—	64		9	—	8	—	72
8	—	9	—	72		9	—	9	—	81
8	—	10	—	80		9	—	10	—	90

QUESTIONNAIRE

Rappelez ce que c'est que la multiplication? les facteurs? le multiplicande? le mult plicateur? le produit?

Par quel signe indique-t-on la multiplication?

Récitez de mémoire la table de multiplication.

II. Pratique de la multiplication

(Par un seul chiffre.)

Pour multiplier par un nombre d'un seul chiffre un nombre qui a plusieurs ordres d'unités, il faut *multiplier successivement tous les ordres du multiplicande par le multiplicateur, en commençant par la droite*. Les unités simples, les dizaines, les centaines, les mille, les dizaines de mille, les centaines de mille s'il y en a, étant multipliés successivement, le nombre lui-même se trouve multiplié tout entier.

Ainsi pour multiplier 123 par 3, nous multiplions par 3 les unités, puis les dizaines, puis les centaines, en disant :

$$
\begin{array}{r}
123 \\
\times\ 3 \\
\hline
369
\end{array}
$$

3 fois 3 unités font 9 unités ; 3 fois 2 dizaines font 6 dizaines ; 3 fois 1 centaine font 3 centaines, et nous écrivons le produit à mesure.

Remarquez, mes enfants, que nous pouvons, pour abréger, ne pas énoncer le nom des ordres, et supprimer le mot *font*, puisque le mot *fois* (deux fois, trois fois) suffit pour indiquer que c'est une multiplication que nous faisons. Nous pouvons donc dire, en passant successivement d'un ordre à l'autre, et commençant toujours par les unités : 3 fois 3, 9 ; 3 fois 2, 6 ; 3 fois 1, 3. Si nous mettons chaque chiffre à son rang, le produit sera exact.

Voyons maintenant un petit problème :

« J'ai 3 champs ; dans chacun de ces champs j'ai planté 54 pieds d'arbres : combien ai-je planté d'arbres en tout ? »

C'est, vous le voyez, une multiplication que j'ai à faire : chaque champ contient 54 arbres, et il y a 3 champs ; c'est donc 3 groupes de

54 arbres, **ou** 3 fois 54. Posons **ainsi** l'opération :

$$\begin{array}{r} 54 \\ \times\ 3 \\ \hline 162 \end{array}$$

Pour multiplier ordre par ordre en commençant par les unités, nous disons : 3 fois 4 font 12. 12 c'est 1 dizaine plus 2 unités.

Nous écrivons, comme nous avons fait pour l'addition, les 2 unités à leur rang, et nous retenons 1 dizaine.

Que ferons-nous de cette dizaine ? nous l'ajouterons à d'autres dizaines ; mais ce ne sera ni aux dizaines du multiplicande, ni au muliplicateur : cette dizaine retenue appartient au produit, nous l'ajouterons aux dizaines du produit quand nous les connaîtrons. Souvenons-nous donc de cette dizaine, et continuons la multiplication en disant : 3 fois 5 dizaines c'est 15 dizaines ; ajoutons la dizaine retenue, cela nous fait 16 dizaines. Mais 16 dizaines c'est 1 centaine et 6 dizaines ; écrivons donc 6 au rang des dizaines, et comme nous n'aurons pas d'autres centaines, avançons la centaine retenue. Produit : 162.

C'est 162 arbres que j'ai plantés dans mes rois champs.

Autre exemple :

$$
\begin{array}{r}
206 \\
\times \quad 5 \\
\hline
1030
\end{array}
$$

Nous disons : 5 fois 6 font 30. 30 c'est 3 dizaines juste : écrivons donc 0 au rang des unités, et retenons les 3 dizaines. Puis 5 fois 0, c'est 0 : puisqu'il n'y a pas de dizaines au multiplicateur, cela n'en donne pas au produit ; mais nous en avons 3 de retenues ; celles-là nous les mettons au produit, au rang des dizaines.

Enfin 2 fois 5 centaines font 10 centaines, c'est-à-dire 1 mille juste ; marquons 0 aux centaines, et avançons 1 au rang des mille. — Produit : 1030.

Remarquez, mes enfants, que le multiplicateur, lui aussi, a souvent plus d'un chiffre : on peut avoir à multiplier un nombre par 12, par 45, par 560, par 300 000.... Seulement, quand on doit multiplier par un nombre de plusieurs chiffres, l'opération est plus compliquée ; c'est pourquoi nous attendrons à l'année prochaine pour vous l'apprendre.

Comment fait-on la multiplication quand le multiplicande a plusieurs chiffres (le multiplicateur n'en ayant qu'un seul)?

Que faut-il faire quand un chiffre du multiplicande donne un produit plus grand que neuf?

Dans une multiplication la retenue peut-elle être plus grande que 1 ?

Auquel des trois nombres : multiplicande, multiplicateur, produit, doit être ajoutée la retenue?

Auquel des ordres du produit doit-elle être ajoutée?

Le multiplicateur peut-il avoir aussi plusieurs chiffres?

EXERCICES

Faites les opérations suivantes :

120×3	241×2	304×5
3241×3	4320×2	213×7
11212×4	111×5	102×9
1010×6	10001×7	311×9
12×5	24×6	15×4
34×5	68×2	148×8
350×6	3002×8	999×2
6040×6	2074×4	3070×7

III. De la nature des unités des facteurs et du produit.

Voilà maintenant que vous savez bien faire des multiplications; mais calculer des chiffres posés n'est pas tout; il faut savoir raisonner et résoudre les problèmes.

Pour cela, il faut d'abord considérer avec beaucoup d'attention en quoi consiste la multiplication.

Rappelons ici ce que nous avons déjà dit : *la multiplication consiste à réunir en un seul groupe, qu'on appelle produit, plusieurs groupes égaux d'unités de même espèce.* Ainsi 4 fois 3 noix font 12 noix, cela signifie : si nous réunissons 4 groupes contenant chacun 3 noix, nous aurons au produit 12 noix.

Nous pourrions également connaître combien il y a de noix en tout dans les 4 groupes, en écrivant 4 fois le nombre 3, et faisant une addition. Alors on dirait le *total* au lieu de dire le *produit,* mais ce serait le même nombre de noix.

$$
\begin{array}{r}
3 \text{ noix} \\
3 \text{ noix} \\
3 \text{ noix} \\
3 \text{ noix} \\
\hline
\text{Total. . . . } 12 \text{ noix}
\end{array}
$$

La multiplication donne le résultat d'un seul coup ; nous pouvons donc dire que la multiplication est une *addition abrégée.*

Seulement, remarquez la différence. — Par

l'addition nous pouvons réunir des groupes inégaux ; nous pouvons additionner ensemble plusieurs nombres, les uns grands, les autres petits (pourvu que tous ces nombres soient composés d'unités de même espèce) ; et justement parce que ces nombres peuvent n'être pas égaux, il faut que nous sachions combien chacun d'eux, pris à part, contient d'unités. Tandis que dans la multiplication tous les groupes d'unités que nous avons à réunir sont égaux, c'est pourquoi un seul nombre suffit pour exprimer combien il y a d'unités dans chacun.

Le nombre qui exprime combien il y a d'unités dans chaque groupe, est le multiplicande. Quelquefois on ne dit pas de quelle nature sont les unités dont se compose chaque groupe; alors le multiplicande est un nombre *abstrait*. Mais lorsque nous exprimons l'espèce des unités que nous devons réunir, le multiplicande est un nombre *concret*. Ainsi, si nous réunissons 4 groupes de 6 oranges chacun, le multiplicande 6 est un nombre concret, puisque nous disons que les unités dont sont composés ces quatre groupes sont des oranges. De même : prendre 3 fois 5 litres de vin, c'est réunir 3 quantités contenant chacune 5 litres de vin ; 5 est ici un nombre concret, puisqu'on fait connaître que les unités dont il s'agit sont des litres de vin.

Et maintenant qu'est-ce que le multiplicateur?

C'est le nombre qui exprime combien il y a de groupes à réunir. Le multiplicateur est donc toujours un nombre abstrait : il indique simplement combien il y a de groupes d'unités, mais il ne peut dire de quelle nature sont ces unités. Ainsi, si nous disons : 4 fois 8 baguettes, 8 exprime le nombre des unités que nous savons être des baguettes ; 8 est le multiplicande, il est concret. Mais 4 dit seulement combien il y a de groupes, sans exprimer de quoi sont composés ces 8 groupes : le multiplicateur 4 est donc un nombre abstrait.

Puisque le produit est formé par la réunion de groupes égaux d'unités de même espèce, il est nécessairement composé des mêmes unités que les groupes réunis pour le former. Souvenez-vous donc que *le produit d'une multiplication représente des unités de même espèce que le multiplicande.*

Si le multiplicande est un nombre abstrait, le produit sera aussi un nombre abstrait.

Si vous avez bien compris, mes enfants, ce que nous venons de vous expliquer, et cela est très-simple, vous pourrez raisonner un problème de multiplication, et savoir de quelle nature sont les unités du produit. Car ce n'est pas tout que de trouver le nombre exact du produit; il faut savoir quelle sorte de choses il représente.

Si on vous disait par exemple : Jules est allé 4 fois dans le fruitier, et chaque fois il en a rapporté 7 pommes : combien a-t-il rapporté de pommes en tout?

Vous penserez d'abord : 4 fois 7 font 28; — 28 quoi? 28 pommes évidemment, puisque chaque groupe est formé de pommes. Le groupe produit par leur réunion est donc naturellement aussi formé de pommes.

Et si quelqu'un vous disait : Je reviendrai dans 3 fois 12 heures; vous penserez : 3 fois 12 font 36; puisque le multiplicande exprime des heures, le produit exprimera aussi des heures : c'est 36 heures que j'ai à attendre.

De même si je parcours 6 fois la longueur d'une classe en faisant 20 pas chaque fois,

j'aurai fait 6 fois 20 pas : 20 est le multiplicande, il exprime le nombre de pas que j'ai fait
à chaque fois ; je dirai donc : 6 fois 20 font 120 ;
le nombre 120 exprimera évidemment des pas,
puisque le produit doit être de même nature
que le multiplicande.

QUESTIONNAIRE

Les groupes que nous devons réunir par la multiplication doivent-ils être composés d'unités de même espèce ?

Doivent-ils être égaux ?

En quoi la multiplication ressemble-t-elle à l'addition ?

En quoi en diffère-t-elle ?

Un seul nombre suffit-il pour exprimer combien chacun
des groupes contient d'unités ? — Pourquoi ?

Quand le multiplicande est-il un nombre concret ? Quand
est-il abstrait ?

Quand on fait l'opération de la multiplication, le multipli
cateur, indiquant combien il y a de groupes, est-il nécessairement un nombre abstrait ?

EXERCICES

1. Dans notre cour plantée d'arbres il y a quatre rangs
de 28 arbres chacun, combien d'arbres cela fait-il en tout[1] ?

2. Une maison a trois étages, et chacun des escaliers a
15 marches : combien faut-il monter de marches pour arriver au troisième étage ?

3. On a porté à la grange cinq charretées de 124 gerbes

---

1. Faites raisonner les problèmes suivant la formule
indiquée dans le *Manuel*.

chacune : combien a-t-on logé de gerbes dans cette grange?

4. Une salle, un soir de fête, est éclairée par 4 lustres, portant chacun 26 bougies ; combien y a-t-il de bougies allumées?

5. Une pépinière est plantée sur 7 rangs ; dans chaque rang il y a 36 pieds d'arbres : combien y a-t-il de pieds d'arbres dans cette pépinière?

6. On a six pièces de toile contenant chacune 45 mètres ; pour faire les voiles d'un navire, on a trouvé qu'il fallait 281 mètres de cette toile ; dire si ces 6 pièces suffisent?

7. Un habile ouvrier gagne 12 francs par jour : combien gagne-t-il par semaine, s'il se repose le dimanche?

8. Dans un pâturage il y a 8 parcs à moutons, contenant chacun 64 moutons : combien y a-t-il de moutons dans ce pâturage?

9. Dans une plate-bande du jardin, le jardinier a planté 5 rangs de fraisiers ; dans chaque rang il y a 56 pieds : combien de pieds de fraisiers dans cette plate-bande ?

10. Le long du mur il y a 9 grands rosiers, qui portent chacun 26 roses : combien de roses cela fait-il en tout?

11. On achète 6 caisses d'oranges, contenant chacune 225 oranges : combien a-t-on d'oranges en tout?

IV. Nature des unités du produit (suite).

Il n'est pas toujours très-facile de reconnaître quelle est la nature des unités du produit; fort souvent, dans un problème de multiplication, il y a deux nombres concrets, et chacun de ces nombres exprime des unités de nature diverse. Le produit est toujours de même nature que le multiplicande : mais lequel des deux nombres sera le multiplicande?

C'est ici qu'il faut réfléchir, et apprendre à faire usage de son bon sens.

Quand vous *posez* un problème, vous ne devez pas faire l'opération mécaniquement, sans chercher à la comprendre. Il y a, mes enfants, de petites *mécaniques à calculer*, qui font des opérations très-difficiles, et qui les font très-vite, et sans se tromper.... Mais, heureusement, il n'y a pas de *mécaniques à raisonner :* pour résoudre un problème il nous faut absolument faire usage de notre jugement.

« Nous venons de recevoir de la campagne 3 caisses contenant chacune 40 abricots ; combien avons-nous d'abricots en tout? »

Chaque caisse contient 40 abricots, et il y a 3 caisses : c'est une multiplication qu'il nous faut faire, puisque nous avons trois groupes égaux d'abricots à réunir en un seul groupe, et à exprimer par un seul nombre. Quel sera le multiplicande? le nombre qui exprime combien il y a d'unités dans chaque groupe, c'est-à-dire le nombre 40. Et le multiplicateur? 3, puisque c'est le nombre qui exprime combien il y a de groupes à réunir pour former le total. Nous posons notre opération :

$$\begin{array}{r} 40 \quad \text{abricots.} \\ \times\ 3 \\ \hline 120 \end{array}$$

Nous trouvons pour produit 120 unités; et ces unités ne peuvent être autre chose que des abricots, puisque le produit est toujours de même nature que le multiplicande.

« Mais, observerez-vous peut-être, vous nous avez dit que le multiplicateur est toujours un nombre abstrait; et ici le nombre 3 est concret, puisqu'il exprime *combien il y a de caisses.* »

Cette observation est juste; mais voyez ce que nous avons fait. Nous avons raisonné ainsi : autant il y a de caisses, autant *de fois* il y a 40 abricots; ayant fait ce raisonnement, nous avons vu que nous avions à réunir en un seul 3 groupes de 40 abricots chacun. Nous ne nous sommes plus occupés des caisses dans lesquelles étaient contenus les abricots; que nous importe qu'ils soient dans 3 caisses ou dans 3 corbeilles? Ce qui nous importe, c'est de savoir combien font ces groupes réunis ; et quand nous disons 3 *fois* 40 abricots, nous n'avons plus aucunement à nous occuper de l'espèce d'unités que représentait le nombre 3 avant notre raisonnement : *Le multiplicateur est donc devenu, pour l'opération, un nombre abstrait,* indiquant seulement combien il y a de groupes d'unités à réunir pour former le produit.

Raisonnons encore un autre problème du même genre.

« Nous avons acheté 4 mètres d'étoffe à 3 fr. le mètre ; nous voulons savoir quelle somme nous avons à payer ? »

Un mètre de cette étoffe coûte 3 francs ; autant nous aurons de mètres, autant nous aurons de fois 3 francs à donner en échange. Nous avons 4 mètres d'étoffe, il faut alors payer 4 fois la somme de 3 francs. Le nombre 3 qui indique combien il y a de francs dans chaque somme à réunir est donc le multiplicande. Le nombre 4 qui indique combien il y a de sommes semblables est donc le multiplicateur.

$$
\begin{array}{r}
3 \text{ francs.} \\
\times\, 4 \\
\hline
12 \text{ francs.}
\end{array}
$$

Nous avons au produit 12 unités, et ces unités sont des francs comme celles du multiplicande.

Le multiplicateur 4 était un nombre concret, puisqu'il exprimait des mètres d'étoffe. Mais quand nous avons fait ce raisonnement : il y a 4 mètres d'étoffe, et chaque mètre vaut 3 francs, donc nous devons payer 4 fois 3 francs; alors nous ne nous sommes plus occupés de la nature des unités représentées par le nombre 4, et ce 4 est devenu pour nous un nombre abstrait, indiquant seulement combien de groupes de 3 francs nous avons à réunir pour former le produit.

Chaque fois donc qu'un problème de ce genre vous sera donné à résoudre, vous aurez soin de raisonner comme nous venons de le faire, afin de bien reconnaître quel est le multiplicande, et par conséquent, de quelle nature sont les unités du produit.

QUESTIONNAIRE

De quelle nature sont les unités du produit?

Si vous avez 7 mètres d'étoffe à multiplier par 3; 3 francs à multiplier par 42; 20 litres à multiplier par 8; 500 kilogrammes à multiplier par 7, etc., etc., de quelle nature seront les unités du produit, dans chacune de ces opérations?

Quand le multiplicande est un nombre abstrait, le produit peut-il être un nombre concret?

EXERCICES

12. Il y a dans une année 365 jours : combien de jours a vécu un enfant de 3 ans?

13. Pour border d'arbres 1 kilomètre de route, il faut 472 arbres : combien en faut-il pour planter une route de 7 kilomètres de longueur?

14. Le cours d'un petit ruisseau est de 326 mètres; on veut le border d'osiers en plantant 2 pieds d'osier par mètre sur chacune des deux rives : combien faut-il de pieds d'osier?

15. Le côté d'une prairie carrée a 286 pas de longueur : combien faut-il de pas pour faire le tour de cette prairie?

16. Un navire, poussé par un bon vent, fait 288 kilomètres en un jour : quelle route fera-t-il en 8 jours?

17. Un charbonnier a fait 7 meules ; il a retiré de chacune 98 sacs de charbon : combien de sacs de charbon a-t-il fabriqués?

18. 347 ouvriers ont travaillé ensemble pendant 6 jours à creuser un canal : combien cet ouvrage a-t-il coûté de journées de travail?

19. Un fût de vin contient 225 litres; combien faut-il de litres pour remplir 8 fûts semblables?

20. Un marchand de meubles a vendu 6 armoires pour le prix de 107 francs chacune : quel est le prix total?

21. Pour entourer un jardin carré on doit faire une palissade : chaque côté du jardin a 33 mètres de longueur : combien faut-il de mètres de palissade? Et combien coûtera cette palissade au prix de 3 francs le mètre?

22. 379 ouvriers ont été employés à faire une route; la

journée de chacun est payée 4 francs : combien dépense-t-on par jour pour ce travail ?

V. Inversion des facteurs concrets.

« J'ai acheté 425 pommiers pour planter dans mon verger, et chacun de ces pommiers me coûte 4 francs : combien dois-je payer pour mes 425 pommiers ? »

Puisque chaque pommier me coûte 4 francs, j'aurai à payer, en une seule somme, autant de sommes de 4 francs qu'il y a de pommiers. J'ai donc 425 sommes de 4 francs à réunir en un seul nombre. Le nombre qui m'indique combien il y a d'unités dans chaque somme est 4 ; 4 est donc le multiplicande, et puisqu'il exprime des francs, le produit exprimera des francs aussi. Quant au nombre 425, peu m'importe ce qu'il représentait d'abord : il m'indique seulement combien de sommes de 4 francs j'ai à réunir au *produit*. Le nombre 425 est donc devenu pour moi un nombre abstrait ; et je dois écrire ainsi mon opération :

$$\begin{array}{r} 4 \\ \times\ 425 \\ \hline \end{array}$$

Notre raisonnement nous a prouvé que 4 est le multiplicande, et cela nous a servi à connaître que le produit exprimera des francs. Maintenant que nous savons de quelle nature seront les unités du produit, cherchons ce nombre.

Mais vous vous souvenez, mes enfants, que quand on a deux facteurs pour former un produit, on peut *changer l'ordre des facteurs*, c'est-à-dire mettre le multiplicande à la place du multiplicateur et celui-ci à la place du multiplicande, sans que cela change le produit. Au lieu de multiplier 4 par 425, nous pouvons donc, si cela nous paraît plus commode, multiplier 425 par 4. 4 fois 425 ou 425 fois 4, donnent le même produit.

Il est plus commode, en effet, de prendre, dans l'opération, le plus grand nombre pour multiplicande et le plus petit pour multiplicateur; elle se fait plus rapidement de cette manière. Écrivons donc :

$$
\begin{array}{r}
425 \\
\times\ 4 \\
\hline
1700
\end{array}
$$

Nous trouvons au produit 1700, et nous savons que ce nombre exprime des francs, puisque le raisonnement nous l'a prouvé tout d'abord.

Ainsi, quand vous avez un problème de multiplication, commencez toujours par reconnaître quel est le multiplicande. Cela fait, vous pourrez, pour rendre l'opération plus prompte, mettre le multiplicande à la place du multiplicateur, et réciproquement; mais vous vous souviendrez que ce changement de place n'est fait que pour faciliter l'opération : le produit est toujours de même nature que le *véritable* multiplicande, celui que votre raisonnement a reconnu d'abord, et qui exprime réellement les unités contenues dans chaque groupe.

QUESTIONNAIRE

Quand, dans un problème de multiplication, le raisonnement a reconnu quel sera le multiplicande, pourquoi devons-nous considérer le multiplicateur comme un nombre abstrait?

Quand on change l'ordre des facteurs pour rendre l'opération plus facile, la nature des unités du produit change-t-elle ?

EXERCICES

Appliquer le raisonnement aux problèmes suivants; indiquer quel est le multiplicande, de quelle nature sont les unités du produit, et comment doit être faite l'inversion.

23. On a acheté 36 mètres de toile, à 2 francs le mètre : combien doit-on payer? Quel est le multiplicande, le multiplicateur? De quelle nature sera le produit? Comment doit-on disposer l'opération? Pourquoi fait-on cette inversion?

24. Un marchand achète 72 paires de bas à 3 francs la paire : combien doit-il? (Même question que précédemment.)

25. Combien y a-t-il d'angles dans 25 carrés?

26. On construit une barrière de 48 mètres de longueur; chaque mètre coûte 4 francs : combien coûtera la barrière? (Mêmes questions).

27. Une pièce de 5 centimes pèse 5 grammes. Pour peser un objet on a mis dans le plateau opposé de la balance 28 pièces de 5 centimes : combien pèse cet objet? (Raisonner l'inversion de même que précédemment.)

28. Un mètre d'étoffe de soie coûte 8 francs : pour faire une robe il en faut 12 mètres; combien coûte cette robe de soie?

29. Une pièce de toile contient 128 mètres de toile; chaque mètre vaut 4 francs : combien vaut la pièce entière?

30. On a 187 roseaux de 3 mètres de longueur : quelle longueur formerait-on en les étendant bout à bout sur le sol?

31. Une maison a 56 croisées; chaque croisée a six carreaux. Combien de carreaux doit fournir le vitrier pour vitrer toutes ces croisées?

32. On a coupé dans un taillis 397 stères de bois de chêne à 8 francs le stère : combien doit rapporter cette coupe?

33. On veut faire 180 cahiers de 8 feuilles chacun : combien faut-il de feuilles de papier?

34. Une famille dépense 9 francs par jour : combien dépense-t-elle par année?

DIVISION.

I. But et conditions de l'opération.

Quand on divise en plusieurs parts égales les unités qui étaient réunies dans un seul groupe, et exprimées par un seul nombre, quelle opération fait-on? On fait une *division*, vous vous en souvenez.

Vous n'avez pas oublié non plus que le groupe d'unités à diviser se nomme le *dividende*, et que le nombre qui indique combien de parts il faut en faire se nomme le *diviseur*.

Vous savez aussi que le nombre que l'on cherche, et qui doit faire connaître combien il y aura d'unités dans chaque part, se nomme le *quotient*.

Enfin, si après avoir réparti les unités du dividende de telle sorte que les parts soient égales, il reste encore des unités, mais moins qu'il n'y a de parts à faire, ces unités forment ce qu'on appelle le *reste*.

Quand on veut indiquer qu'un nombre doit être divisé par un autre nombre, on pose deux points avant celui qui doit être le diviseur, et ces deux points signifient *divisé par*.

Ainsi, pour exprimer que 20 doit être divisé par 4, nous écrivons 20 : 4, et nous lisons : 20 divisé par 4.

Maintenant, vous allez apprendre comment on fait l'opération de la division.

Il faut d'abord remarquer que la division est exactement le contraire de la multiplication. En multipliant, nous réunissons plusieurs groupes égaux d'unités en un seul; en divisant, nous partageons un seul groupe d'unités en plusieurs groupes égaux. Par exemple, si nous multiplions 4 par 5, nous trouvons au produit le nombre 20; et si nous divisons 20 par 5, nous retrouvons le nombre 4 que nous avions avant la multiplication; ce que la multiplication a fait, la division le défait.

De même si nous disons : 3 fois 6 font 18, cela signifie que nous formons le nombre 18 en réunissant 3 nombres de 6 unités chacun; 18 contient donc 3 fois le nombre 6. Si maintenant nous divisons 18 en 3 parts égales, évidemment les 3 parts contiendront chacune 6 unités.

Et de ce que 8 fois 5 font 40, nous concluons que 40 contient 8 fois le nombre 5; et par conséquent, en divisant le nombre 40 par 8, nous aurons au quotient 5 unités.

Ces exemples vous prouvent, mes enfants, que pour trouver très-vite combien un certain nombre contient de fois un autre nombre, il suffit de connaître la table de multiplication, et de la prendre à rebours. Ainsi, 5 fois 3 font 15, donc, 15 divisé par 3 donne 5 pour quotient. 8 fois 4 font 32, donc 32 divisé par 8 donne 4; et puisque 2 fois 7 font 14, c'est que dans 14 il y a 2 fois 7 : 7 est le quotient quand on divise 14 par 2.

La table de multiplication ainsi prise à rebours, peut s'appeler *table de division*.

QUESTIONNAIRE

En quoi consiste la *division?*

Qu'appelle-t-on le *dividende?* le *diviseur?*

Qu'est-ce que le *quotient?* le *reste?*

La table de multiplication peut-elle servir de table de division?

EXERCICES SUR LA TABLE DE DIVISION

1. En 25 combien de fois 5?

2. En 32 combien de fois 8?

3. En 54 combien de fois 6? etc., etc.

4. Si nous voulons partager 24 noix en 4 parts, combien y en aura-t-il dans chaque part?

5. Nous avons cueilli ensemble 40 noisettes et nous sommes 5 à les partager : combien chacun doit-il en avoir?

6. Avec 28 baguettes combien pouvons-nous former de carrés (séparés)?

7. Nous avons 27 pieds de violettes que nous voulons planter sur 3 rangs : combien y en aura-t-il dans chaque rang?

8. Nous avons 64 pieds d'arbres que nous voulons planter sur 8 rangs : combien y en aura-t-il sur chaque rang?

9. J'ai 24 gerbes à rentrer dans la grange; je puis en porter 3 à chaque tour : combien ai-je de tours à faire?

10. Nous avons 36 fraisiers, que nous voulons planter sur 4 rangs : combien faut-il mettre de pieds en chaque rang?

11. Un petit jardin carré a 32 mètres de contour : combien chaque côté a-t-il de longueur?

12. Nous avons 54 oranges pour former 6 corbeilles : combien devons-nous en mettre dans chacune?

13. Pour creuser un canal, il faut 56 journées de travail; combien de jours durera cet ouvrage si on y emploie 7 ouvriers?

14. Pour 21 francs on a acheté 7 mètres de toile : combien coûte le mètre de cette toile?

15. Pour 48 francs on a acheté six mètres d'étoffe de soie : combien coûte le mètre de cette étoffe?

16. On a une ficelle de 25 mètres de longueur; si on la partage en 5 parties égales, quelle sera la longueur de chaque partie?

17. Une ligne tracée sur le papier a 36 centimètres : si on la partage en 6 parties égales, quelle sera la longueur de chaque partie?

18. Combien faut-il de pièces de 5 centimes pour faire le poids de 25 grammes?

19. On veut partager également, en la versant dans

7 arrosoirs, l'eau d'un réservoir qui contient 49 litres; combien chaque arrosoir en recevra-t-il?

20. Un copiste met 5 heures à copier 40 pages : combien copie-t-il de pages par heure?

21. Avec la coupe d'un taillis, formant 54 stères de bois, on veut faire 9 tas égaux : combien chaque tas contiendra-t-il de stères?

22. On veut partager en 6 parts égales 48 hectolitres de blé : combien y en aura-t-il dans chaque part?

23. 9 ouvriers associés ont vendu 72 francs un objet fabriqué en commun : quelle sera la part de chacun?

―――――

II. Le reste.

Mais souvent il arrive qu'en cherchant dans la table de multiplication, on ne trouve pas juste le nombre que l'on veut diviser? Supposons que vous ayez 7 à diviser par 3. Pour trouver le quotient, vous vous demandez par quel nombre il faut multiplier 3 pour avoir 7 au produit. Vous vous dites : 2 fois 3 font 6, mais 6 est plus petit que 7; essayons du nombre suivant et disons : 3 fois 3 font 9; 9 est plus grand que 7. Pour former 3 groupes de 3 unités chacun il vous faudrait 9 unités et vous n'en avez que 7. Mettez-en donc 2 seulement dans chaque part, puisque vous ne pouvez en mettre 3 dans toutes. Mais en mettant 2 unités dans chaque part, il vous reste encore 1 unité. Vous ne pouvez donc avec 7 unités faire 3 parts égales. Nous exprimons cela en disant : 7 n'est pas *divisible* par 3; c'est-à-dire ne peut être divisé en trois parts égales d'unités entières.

De même si nous avons 14 à diviser par 4, nous cherchons par quel nombre il faut multiplier 4 pour avoir 14, ou un nombre approchant le plus possible. Voyons : 2 fois 4 font 8, ce n'est pas assez; 3 fois 4 font 12, ce n'est pas encore assez; 4 fois 4 font 16, ah! cette fois c'est trop : c'est-à-dire qu'avec 14 unités, nous ne pouvons faire 4 parts de 4 unités, il en faudrait 16; 2 de plus que nous n'avons : 14 n'est donc pas divisible par 4. Nous mettons donc seulement 3 unités dans chaque part, ce qui nous fait 12, et il nous reste 2 unités. C'est ce que nous exprimons en disant : en 14 il y a 3 fois 4, qui font 12, et il reste 2; le quotient est 3, le reste est 2.

Ainsi, quand vous ne pourrez trouver un nombre qui, multiplié par le diviseur, produise juste le dividende, vous prendrez pour quotient le nombre qui s'en rapproche le plus, mais *en moins;* vous retrancherez du dividende le pro-

duit que ce chiffre vous aura donné, et le sur-
plus formera le *reste*.

QUESTIONNAIRE

Quand dit-on qu'un nombre n'est pas exactement divisible par un autre nombre ?

Quel nombre doit être pris, dans ce cas, pour quotient ?

EXERCICES

24. J'ai 23 arbres dont je veux former trois rangs ; combien faut-il en mettre dans chaque rang ? en restera-t-il,
après les rangs formés ?

25. Avec 34 touffes de primevères je veux former quatre
rangs ; combien faut-il en mettre dans chaque rang ? quel
sera le reste ?

26. 6 enfants ont 35 billes et veulent se les partager également : ce partage peut-il être fait exactement ?

27. Peut-on diviser exactement 22 noisettes entre 3 enfants ?

28. J'ai 19 arbres que je veux employer à border une
allée : combien dois-je en mettre de chaque côté et combien m'en restera-t-il ?

29. Peut-on diviser exactement 36 par 5 ? 42 par 8 ?

30. Faites les opérations indiquées ici en exprimant le
reste, s'il y a lieu :

42 : 7	31 : 6	54 : 8	50 : 7	37 : 6	19 : 3
28 : 3	46 : 8	72 : 9	39 : 5	41 : 4	30 : 5

III. Pratique de l'opération, avec un seul chiffre au diviseur.

Voyons d'après cela, mes enfants, comment nous devons faire l'opération de la division. Nous prendrons d'abord un dividende composé de plusieurs chiffres, et un diviseur qui n'en ait qu'un seul ; par exemple 864 à diviser par 2.

Pour poser l'opération, nous écrivons d'abord le dividende 864, puis le diviseur 2 un peu plus loin à droite, et pour ne pas risquer de confondre l'un avec l'autre nous les séparons par un trait vertical. Quand nous trouverons le quotient nous l'écrirons sous le diviseur, et pour l'en séparer, nous traçons d'avance une ligne sous le diviseur ainsi que vous le voyez ici :

$$864 \ \big| \ \underline{2}$$

Maintenant, mes enfants, souvenez-vous de ce que nous avons fait pour multiplier un nombre formé de plusieurs ordres d'unités : nous avons multiplié l'un après l'autre les chiffres de chaque ordre, unités, dizaines, centaines, et ainsi de suite. Pour diviser notre nombre de plusieurs chiffres nous diviserons de même chacun des ordres d'unités, l'un après l'autre. Seulement, au lieu de commencer la division par la droite, comme la multiplication, nous la commencerons par la gauche, c'est-à-dire par l'ordre le plus élevé. Cela ne vous surprendra pas, puisque vous savez que la division est le contraire de la multiplication. Nous disons donc :

8 centaines divisées par 2 font 4 centaines, et nous écrivons 4 au quotient; puis passant aux dizaines nous disons : 6 dizaines divisées par 2 font 3 dizaines, et nous écrirons 3 au quotient. Mais où plaçons-nous ce 3 ? C'est bien simple : puisqu'il exprime des dizaines, nous le plaçons à la droite du 4 qui exprime des centaines.

Enfin nous arrivons aux unités simples : 4 unités divisées par 2 font 2 unités, nous écrivons ces 2 unités après les 3 dizaines, c'est-à-dire au rang des unités. Chaque chiffre du dividende étant divisé, l'opération est finie, et nous avons pour quotient 432.

Comment dispose-t-on l'opération de la division? Où écrit-on le diviseur ? le quotient ?

Comment divise-t-on un nombre comprenant plusieurs ordres ?

Par quel ordre doit-on commencer la division ?

EXERCICES

31. Quelle est la moitié du nombre 426 ?

32. Un ruisseau est bordé de 648 arbres également distribués sur ses deux rives : combien y en a-t-il sur chaque rive ?

33. Nous avons 369 francs à partager également entre 3 associés : quelle sera la part de chacun ?

34. Une somme de 6930 fr. doit être partagée également entre trois personnes : quelle sera la part de chacune ?

35. Nous avons donné aux enfants d'une classe, pour s'exercer aux jeux géométriques, 480 baguettes : combien peut-on faire de carrés avec ces baguettes ?

36. Et combien de triangles équilatéraux peut-on former avec 306 baguettes ?

37. Divisez 804 par 2 ; 6069 par 3 ; 550 par 5.

IV. Pratique de l'opération (suite.)

Mais il arrive très-fréquemment que l'un des chiffres du dividende n'est pas *exactement divisible* par le diviseur ; que faire dans ce cas ? Ce que nous avons déjà fait : prendre pour quotient le nombre qui, multiplié par le diviseur, approche le plus du chiffre du dividende, en restant plus petit que ce chiffre. Puis retran-

cher du dividende le produit du diviseur multiplié par ce nombre.

Divisons 92 par 4.

$$\begin{array}{r|l} 92 & 4 \\ \hline & \cdots \end{array}$$

Commençons par les dizaines puisque les dizaines sont ici l'ordre le plus élevé : 9 ne peut
être divisé exactement par 4. En effet 4 fois
2 font 8 seulement, qui est plus petit que 9; et
4 fois 3 font 12, qui est plus grand. Prenons
donc 2 pour quotient, puisque 2 multiplié par
le diviseur 4 donne le produit qui approche le
plus de 9, en moins. 2 fois 4 font 8. Otons ces
8 dizaines des 9 dizaines du dividende; il
reste 1, c'est-à-dire 1 dizaine. Écrivons ce reste
sous les dizaines du dividende :

$$\begin{array}{r|l} 92 & 4 \\ \hline 1 & 2\ldots \end{array}$$

Qu'allons-nous faire de ce reste qui exprime
une dizaine? Remarquez, mes enfants, que
l'opération n'est pas finie, puisque nous avons
encore les unités à diviser. Eh bien, nous allons
ajouter ces 2 unités à la dizaine qui reste. Écri-

.vons ce 2 auprès de la dizaine; nous appellerons cela *abaisser* le chiffre des unités. En
abaissant ainsi ce chiffre nous avons 1 dizaine
et 2 unités, c'est-à-dire 12 unités; c'est ce qui
nous reste à diviser. Nous disons donc : 12 divisé par 4 donne 3, puisque 3 fois 4 font juste
12. 3 est donc le quotient; et ce quotient exprime des unités, puisque c'est 12 unités que
nous venons de diviser. Écrivons donc 3 au
quotient, après les dizaines; et nous avons pour
quotient entier : 23 unités.

$$\begin{array}{c|c} 92 & 4 \\ \hline 12 & 23 \end{array}$$

Divisons maintenant 404 par 3 :

$$\begin{array}{c|c} 404 & 3 \\ \hline 10 & 134 \\ 14 & \\ 2 & \end{array}$$

Commençons par les centaines : 4 centaines
divisées par 3 donnent 1 centaine, puisque 1 fois
3 c'est 3. 3 est plus petit que 4, mais 2 fois 3
font 6 qui est plus grand. Écrivons donc 1 au
quotient; 1 fois 3 c'est 3; retranchons 3 de 4,

il nous reste 1, c'est-à-dire 1 centaine puisque ce sont des centaines que nous venons de diviser.

Maintenant, abaissons à côté de la centaine qui reste le chiffre de l'ordre suivant, qui est le chiffre des dizaines. Mais ce chiffre est 0 ? Eh bien, abaissons ce 0, et nous avons 10 dizaines juste.

Divisons ces 10 dizaines par 3 : 3 fois 3 font 9 : nous retranchons ces 9 dizaines des 10 que nous avions à diviser, et il nous reste 1 dizaine que nous écrivons en dessous, au rang des dizaines.

Enfin abaissons encore le chiffre de l'ordre suivant, c'est-à-dire 4 qui marque les unités du dividende : cela nous fait 1 dizaine et 4 unités ou 14 unités. 4 fois 3 font 12, c'est le nombre qui approche le plus, en moins, de 14, puisque 5 fois 3 font 15 qui est plus grand. Nous marquons 4 au quotient; et nous retranchons 12 de 14 : il reste 2, deux unités que nous écrivons en dessous. Comme nous n'avons pas ici d'ordres plus petits que les unités, nous ne pouvons rien abaisser pour ajouter au reste; nous sommes obligés de garder ce reste, et nous disons 404 : 3 donne 134 au quotient, et il reste 2.

En résumé, voilà ce que nous faisons : nous divisons d'abord le chiffre de l'ordre le plus élevé du dividende. S'il n'y a pas de reste, nous passons au chiffre suivant. S'il y a un reste, nous l'écrivons sous le chiffre que nous venons de diviser; nous abaissons alors auprès de ce reste le chiffre de l'ordre suivant, et ces deux chiffres forment un nombre du même ordre que le dernier chiffre abaissé. Nous divisons ce nombre nouveau par le diviseur; s'il n'y a pas de reste, nous passons à l'ordre suivant du dividende. S'il y a un reste, nous abaissons le chiffre suivant comme nous venons de le faire. Et nous continuons ainsi tant qu'il y a des chiffres au dividende. Si après avoir divisé les unités simples il n'y a pas de reste, c'est que la division peut se faire exactement; s'il y a un reste, c'est que la division ne peut se faire exactement, et le dernier reste est celui de toute la division.

N'oubliez pas que le reste doit toujours être plus petit que le diviseur.

Voyez maintenant, mes enfants, pour quelle raison nous commençons les divisions par la gauche, par l'ordre le plus élevé. C'est afin de pouvoir transformer le reste de chaque ordre,

quand il y en a un, en unités d'un ordre inférieur, et de le joindre aux unités de cet ordre
pour le diviser en même temps qu'elles.

Quand le chiffre de l'un des ordres du dividende n'est
pas exactement *divisible* par le chiffre du diviseur, que
faut-il écrire au *quotient?*

Que faut-il faire du reste?

Qu'est-ce qu'*abaisser* le chiffre de l'un des ordres? Où
l'abaisse-t-on? Comment continue-t-on l'opération?

38. Nous avons une corde longue de 145 mètres; si nous
la coupons en trois parties égales, quelle sera la longueur
de chaque partie?

39. Le nombre 318 peut-il être divisé exactement en 2
parties égales?

40. Nous avons 196 moutons à distribuer également entre
deux parcs : combien devons-nous en mettre dans chaque
parc?

41. Un menuisier a vendu trois armoires semblables
pour 408 francs : combien a-t-il vendu chacune?

42. Dans une heure il y a 60 minutes : combien de minutes dans un quart d'heure?

43. Peut-on répartir également 66 œufs dans 5 corbeilles?

44. Quel est le reste si on divise 313 par 3? 420 par 3?

45. Un cordier a filé 525 mètres de corde dans 5 jours;
combien peut-il en filer par jour?

46. Opérer les divisions suivantes :

311 : 2   43 : 3   76 : 4   600 : 5   1000 : 3

V. Opération de la division. — Cas particuliers.

Vous savez maintenant, mes enfants, comment on divise un nombre de plusieurs chiffres; pourtant il y a certains cas dans lesquels vous serez surpris et peut-être embarrassés. Prenons par exemple 125 à diviser par 5.

Nous devrions d'abord diviser le chiffre des centaines qui est 1; mais 1 ne peut être divisé par 5. Avec 1 on ne peut faire 5 parts, à moins de partager en fractions; mais quand on divise comme nous le faisons maintenant, on ne doit pas faire de fractions. Que ferons-nous? Quelque chose de très-raisonnable : puisque le chiffre 1 est trop petit pour être divisé par 5, réunissons-le au chiffre des dizaines : cela nous fait 12 dizaines, que nous pouvons diviser par 5.

C'est exactement la même chose que lorsque nous avons un reste, et que nous abaissons le chiffre de l'ordre suivant : le cas est tout à fait semblable.

Comment indiquerons-nous au quotient que le chiffre des centaines n'a pu être divisé? Faut-il y mettre un zéro? Inutile; puisqu'il n'y a pas avant celui-là de chiffre dont il faille garder la place; nous ne marquerons donc rien au quotient pour représenter les centaines.

Nous ne prendrons pas non plus la peine d'écrire d'abord la centaine toute seule au-dessous du dividende, puis d'abaisser les 2 dizaines ensuite. Il est plus simple de prendre tout d'abord les deux premiers chiffres ensemble, et de dire : en 12 combien de fois 5? 2 fois 5 font 10, qui est plus pétit que 12; écrivons 2 au quotient; retranchons ces 10 dizaines des 12 du dividende, il en reste 2 que nous écrivons en dessous.

$$\begin{array}{c|c} 125 & 5 \\ \hline 25 & 25 \end{array}$$

Abaissons maintenant les 5 unités du dividende près des dizaines du reste, cela nous donne 25 unités à diviser par 5. 5 fois 5 font juste 25, c'est donc 5 que nous mettons au quotient au rang des unités, et il ne reste rien. 125 divisé par 5 donne donc au quotient juste 25.

Divisons encore 824 par 4.

Après avoir posé l'opération nous disons : 8 centaines divisées par 4 donnent juste 2 centaines; écrivons 2 au quotient, et il n'y a pas de reste. Puis passons à l'ordre suivant : 2 dizaines divisées par 4?... cela n'est pas possible, 2 est trop petit; il n'y aura donc pas de dizaines au quotient, puisque le chiffre des dizaines ne peut être divisé. Mais puisqu'il n'y a pas de dizaines au quotient, il faut mettre un zéro à leur place, sans cela le chiffre des centaines ne serait point séparé de celui des unités, et serait pris pour des dizaines.

Continuons : les 2 dizaines non divisées, jointes aux 4 unités qui suivent, et que nous n'avons pas besoin d'abaisser puisqu'elles sont déjà écrites à la suite des 2 dizaines, font 24 unités. 24 unités divisées par 4 donnent?... 4 fois 4 ne font que 16, ce n'est pas assez; 5 fois 4 font 20, c'est encore trop petit; 6 fois 4 font 24 : c'est juste notre dividende. 24 divisé par 4 donne 6 au quotient, il n'y a pas de reste, et nous disons : 824 divisé par 4, donne 206 au quotient.

QUESTIONNAIRE

Quand le premier chiffre à la gauche du dividende est plus petit que le diviseur, que fait-'on? — Dans ce cas l'ordre correspondant manque-t-il au quotient? Faut-il mettre un zéro à la gauche du quotient pour marquer que ce premier ordre manque?

Quand, dans le courant de l'opération, un des ordres manque au milieu ou à la fin du quotient, parce que la partie correspondante du dividende est plus petite que le diviseur, faut-il tenir la place de cet ordre manquant par un zéro? — Pourquoi le faut-il alors?

EXERCICES.

47. Un laboureur a tracé 150 sillons en trois jours : combien en a-t-il tracé chaque jour?

48. Un jardinier, en 4 jours, a bordé 240 mètres de plates-bandes : combien en a-t-il bordé chaque jour?

49. Quelle est la longueur du côté d'un jardin carré dont le contour entier est de 324 mètres?

50. J'ai 175 arbres que je veux planter sur cinq rangs : combien y aura-t-il d'arbres dans chaque rang?

51. Je veux border les deux rives d'un ruisseau avec 1214 arbres : combien y en aura-t-il sur chaque rive?

52. J'ai 315 volumes que je veux répartir également sur les trois rayons d'une bibliothèque : combien y aura-t-il de volumes dans chaque rayon?

53. Opérer les divisions suivantes, et dire quel est le reste, s'il y en a un :

$$180 : 4 \quad 217 : 7 \quad 312 : 3 \quad 1206 : 3$$
$$136 : 3 \quad 206 : 4 \quad 305 : 4 \quad 1207 : 2$$

VI. Nature des unités du quotient.

Puisque la division consiste à partager un nombre d'unités en plusieurs nombres égaux, il est évident que chacun de ces derniers nombres est composé des unités mêmes qui étaient

éunies d'abord en un seul nombre appelé dividende.

Ainsi, si nous partageons un certain nombre
le poires en plusieurs parts, chaque part sera
composée de poires. Si nous partageons entre
plusieurs personnes un certain nombre d'heures de travail, chacune aura pour sa part des
heures de travail. Or, c'est le quotient qui
exprime ce qu'il y a d'unités dans chaque part,
une fois que la division est faite. Il est donc
clair que *le quotient est formé d'unités de même
espèce que le dividende.*

Quand le dividende est un nombre concret,
le quotient est aussi un nombre concret; et si
le dividende est un nombre abstrait, le quotient est aussi un nombre abstrait.

Quant au diviseur, c'est toujours un nombre
abstrait, puisqu'il indique seulement combien
de parts il faut faire, sans énoncer de quelle
espèce d'unités ces parts sont composées[1].

Quelquefois aussi, mes enfants, vous aurez
à résoudre des problèmes de division, où les
deux nombres donnés seront des nombres con-

---

1. Une inversion analogue à celle de la multiplication
peut être faite dans la division. Cette difficulté est ren-
voyée à la prochaine année. Voir le *Manuel.*

crets. Alors, comme dans la multiplication, vous
chercherez par le raisonnement lequel des nombres doit être le dividende.

Si on vous dit par exemple :

« J'ai acheté 3 mètres d'étoffe, et j'ai payé
18 fr. ; combien coûte chaque mètre d'étoffe ?»

Vous réfléchirez ainsi : puisque pour 3 mètres on a payé 18 francs, je dois partager en 3
parts égales la somme de 18 francs, et chaque
mètre d'étoffe aura coûté une de ces parts. C'est
donc une division que je dois faire ; je dois diviser 18 par 3. 18 est le dividende, et puisqu'il
exprime des francs, le quotient exprimera aussi
des francs.

Le diviseur, direz-vous, était aussi un nombre concret, puisqu'il exprimait des mètres
d'étoffe. C'est vrai ; mais après avoir raisonné
notre problème, nous sommes convenus que
nous devions diviser la somme de 18 francs en
3 parts ; une fois cela décidé, que nous importe
l'espèce des unités que représentait le nombre 3
avant notre raisonnement ? il est devenu pour
nous un nombre *abstrait*, exprimant seulement
le nombre de parts à faire. Nous posons l'opération :

$$18 \mid \underline{3}$$

Comme le chiffre de l'ordre des dizaines est ici trop petit pour être divisé par 3, nous prenons les deux ordres à la fois et nous disons : 18 divisé par 3?... 6 fois 3 font 18; 6 est donc le quotient, et il exprime des unités simples. Mais quelle espèce d'unités? le dividende exprime des francs, le quotient exprimera aussi des francs. Disons donc : chaque mètre d'étoffe nous coûte 6 francs, ou : cette étoffe nous coûte 6 francs le mètre.

Quand vous verrez que pour résoudre un problème il vous faut faire une division, vous chercherez quelle est la quantité à partager, c'est-à-dire le dividende. Si c'est un nombre concret, vous saurez de quelle nature seront les unités du quotient; s'il est abstrait, le quotient sera abstrait aussi. Quant au diviseur, si c'est un nombre concret, il deviendra pour vous un nombre abstrait lorsque vous aurez fait votre raisonnement.

QUESTIONNAIRE

De quelle nature sont les unités du quotient? Pourquoi sont-elles de même nature que celles du dividende?

Le diviseur est-il toujours un nombre abstrait, dans l'opération? — Pourquoi?

Si, dans un problème de division, on a deux nombres

concrets, après avoir reconnu lequel est le dividende, comment doit-on considérer le diviseur?

Si le dividende est un nombre abstrait, de quelle nature sera le nombre quotient?

EXERCICES.

54. Prouver par le raisonnement quelle est la nature des unités du quotient dans les problèmes choisis par le maître parmi ceux des paragraphes 1, 2, 3.

55. Raisonner des problèmes choisis par le maître parmi ceux des paragraphes 4 et 5. Indiquer lequel des deux nombres doit être considéré comme abstrait, et être pris pour diviseur dans l'opération.

FRACTIONS.

I. Numérateur et dénominateur.

Vous savez depuis longtemps déjà, mes enfants, que lorsqu'on partage une unité en plusieurs parties égales, les parties de cette unité sont des *fractions*. Vous savez aussi que, si on réunit *toutes* ces parties ensemble, on reconstitue l'*entier*; et qu'enfin, si on réunit plusieurs de ces parties, sans les réunir toutes, on n'a encore qu'une partie de l'entier, c'est-à-dire, une fraction.

Si on disait à quelqu'un d'entre vous : « Voici un gâteau que j'ai divisé en plusieurs tranches égales. Puis j'ai réuni quelques-unes de ces tranches, pour former la part que je te destine. Que faut-il que je te dise, pour te faire savoir à l'avance si cette part est petite ou forte ? » Il répondrait sans doute : « Dites-moi d'abord en combien de parties vous avez divisé le gâteau ; parce que plus vous avez fait de morceaux, plus ces morceaux sont petits. Puis vous me direz combien vous avez mis de morceaux dans ma portion, parce que, plus vous en aurez mis, plus cette portion sera forte. »

Ainsi, pour connaître la grandeur d'une fraction, il faut d'abord savoir en combien de parties on a partagé l'unité ; puis combien on prend de ces parties pour former la fraction. Pour écrire une fraction, il nous faudra donc deux nombres.

Le nombre qui exprime en combien de parties l'entier est d'abord partagé, s'appelle le *dénominateur* ; vous verrez bientôt pourquoi il porte ce nom. Celui qui exprime combien on réunit de ces parties pour former la fraction s'appelle le *numérateur*, c'est-à-dire celui qui indique le nombre des parties. Ces deux nombres, le numérateur et le dénominateur sont appelés les deux *termes* de la fraction.

Quand on veut écrire une fraction, on écrit d'abord le *numérateur ;* au-dessous on tire un petit trait, puis au-dessous de ce trait on écrit le dénominateur. Si je veux écrire que j'ai les *trois quarts* d'une chose, je raisonne de cette manière : l'entier a été divisé en 4 parties, 4 est le dénominateur, il sera écrit sous le trait ; 3 est le numérateur, je l'écris au-dessus du trait.

Quand on a divisé l'unité en un certain nombre de parties égales, on donne à chacune de ces parties un nom que l'on forme en ajoutant à celui du nombre exprimant en combien de parties l'unité est divisée, la terminaison *ième*. Ainsi chaque partie de l'entier divisé en 10 parties est un dix*ième ;* s'il est divisé en 100 parties, chacune est un cent*ième.* Ces mots vous sont déjà connus. De même si l'unité est divisée en 27 parties, en 85 parties, chaque partie s'appelle un vingt-septième, un quatre-vingt-cinquième, etc.

C'est donc le nombre indiquant en combien de parties l'unité est divisée, qui donne le nom à ces parties, et par suite, à la fraction. Voilà pourquoi ce *terme* est appelé le *dénominateur,* c'est-à-dire *celui qui dénomme.*

Quand vous voyez une fraction écrite (ce que vous reconnaissez tout d'abord à la petite barre qui sépare les deux termes), voici comment vous devez la lire. Vous énoncez d'abord le numérateur; puis vous énoncez le dénominateur en mettant à la fin du mot la terminaison *ième*. Vous lirez donc ainsi ces **fractions** :

$$\frac{2}{8}$$

Deux huitièmes,

$$\frac{3}{9}$$

trois neuvièmes,

$$\frac{1}{10}$$

un dixième,

$$\frac{25}{100}$$

vingt-cinq centièmes,

$$\frac{7}{24}$$

sept vingt-quatrièmes.

Pour la même raison, si l'on vous dictait : 4 *trente-troisièmes*, vous reconnaîtriez d'abord que le numérateur est 4 ; le dénominateur, 33 ; puisque c'est à ce nombre qu'est ajoutée la terminaison *ième;*

vous écririez alors $\dfrac{4}{33}$

De même pour 7 neuvièmes; 1 seizième; 3 centièmes ; vous écririez :

$$\frac{7}{9} \qquad \frac{1}{16} \qquad \frac{3}{100}$$

Vous savez, mes enfants, que, par exception, quand l'unité est divisée en 2 parties, on nomme chacune de ces parties un demi ou une moitié. Quand elle est divisée en 3, on l'appelle un tiers. Quand elle est divisée en 4, on l'appelle un quart. Et l'on ne dit pas : 1 deuxième, 1 troisième, 1 quatrième. Ainsi les fractions

$$\frac{1}{4} \qquad \frac{2}{3} \qquad \frac{1}{2}$$

doivent se lire un quart, deux tiers, un demi.

QUESTIONNAIRE

Que faut-il savoir pour connaître une fraction ?
Qu'appelle-t-on *terme* d'une fraction ?

Qu'appelle-t-on *dénominateur* d'une fraction ?

Qu'appelle-t-on *numérateur ?*

Que veut dire le mot numérateur ?

Comment doit-on écrire une fraction ?

Comment forme-t-on le *nom* de la partie ou des parties de l'entier qui composent la fraction ?

Quel est donc celui des deux termes qui donne le nom à la fraction ?

Que signifie le mot de dénominateur ?

EXERCICES

1. Lire les fractions suivantes ; désigner sur chacune le numérateur et le dénominateur.

$$\frac{1}{5} \qquad \frac{3}{5} \qquad \frac{2}{10} \qquad \frac{1}{7} \qquad \frac{7}{20} \qquad \frac{3}{8} \qquad \frac{5}{9}$$

$$\frac{12}{15} \qquad \frac{7}{25} \qquad \frac{4}{36} \qquad \frac{28}{48} \qquad \frac{1}{100} \qquad \frac{2}{1000}$$

$$\frac{3}{14} \qquad \frac{17}{18} \qquad \frac{20}{21} \qquad \frac{140}{205} \qquad \frac{12}{342} \qquad \frac{125}{10\,000}$$

2. Ecrire les fractions suivantes :

Un sixième, trois huitièmes, sept dixièmes, trois centièmes, douze trentièmes, trois cinquièmes, sept quinzièmes, vingt centièmes, quarante-deux cinquantièmes, trente-un trente-troisièmes.

3. Lire les fractions suivantes :

$$\frac{2}{3} \qquad\qquad \frac{3}{4} \qquad\qquad \frac{1}{2}$$

4. Écrire avec les chiffres :

Deux demies font un entier.

Un tiers vaut deux sixièmes.

Voici les trois quarts du gâteau.

II. Nombres fractionnaires.

Supposons maintenant que vous ayez deux unités entières, et en plus la moitié d'une unité. Si vous voulez écrire ce nombre, vous écrivez tout d'abord les unités entières, et immédiatement à la suite la demie que vous avez en plus :

$$2\ \frac{1}{2}$$

De même si vous avez 3 entiers et deux tiers vous écrivez :

$$3\ \frac{2}{3}$$

En voyant les nombres suivants, qui contiennent des unités entières et une fraction d'unité en plus, vous lisez ainsi :

$$4\ \frac{1}{4},$$

quatre et un quart,

$$7\ \frac{2}{5},$$

sept et deux cinquièmes,

$$1\ \frac{1}{10},$$

un et un dixième,

$$32 \ \frac{3}{8}$$

trente-deux et trois huitièmes.

Les nombres composés ainsi d'une ou plusieurs unités entières et d'une fraction, se nomment des *nombres fractionnaires*, tandis que ceux qui n'expriment que des unités entières sans fraction, sont appelés des *nombres entiers*.

QUESTIONNAIRE

Qu'appelle-t-on *nombre fractionnaire? nombre entier?*

EXERCICES

5. Lire les nombres fractionnaires :

$1 \frac{1}{2}$ $2 \frac{1}{4}$ $3 \frac{1}{3}$ $2 \frac{1}{5}$ $31 \frac{1}{7}$ $20 \frac{8}{10}$ $4 \frac{5}{12}$

$120 \frac{3}{4}$ $17 \frac{1}{20}$ $3 \frac{4}{10}$ $5 \frac{3}{100}$ $19 \frac{3}{4}$ $27 \frac{7}{20}$

6. Écrire les nombres fractionnaires :

Trois et demie, quatre et deux tiers, sept et un septième, huit et un cinquième, trente et six dixièmes, cinq et trois onzièmes, quinze et un quinzième, cent et un centième, quatre-vingt-dix-sept et sept dix-septièmes.

III. Grandeur relative des fractions.

Si vous avez bien compris, mes enfants, ce que c'est que le numérateur et le dénominateur d'une fraction, vous en conclurez tout de suite que plus le numérateur d'une fraction est grand, plus la fraction est grande, puisqu'on prend alors un plus grand nombre des parties de l'unité ; et que, au contraire, plus le dénominateur est grand plus la fraction est petite, puisqu'alors l'unité est partagée en un plus grand nombre de parties.

Ainsi, supposons que l'on ait partagé l'unité en 5 parties et que l'on prenne 3 de ces parties : écrivons d'abord la fraction

$$\frac{3}{5}$$

Si vous augmentez d'une unité le numérateur, vous avez $\frac{4}{5}$; la fraction est devenue plus grande qu'elle n'était, puisqu'au lieu de prendre seulement 3 parties de l'entier divisée en 5 parties, vous en prenez 4.

Si au contraire, laissant le numérateur 3 tel

qu'il est vous ajoutez une unité au dénominateur, vous avez $\dfrac{3}{6}$ cela signifie que l'unité qui était partagée en 5, est maintenant partagée en 6; chaque part est évidemment plus petite; et comme l'on ne prend encore que 3 de ces parts, la fraction a diminué.

Vous pouvez faire ce raisonnement sur toutes les fractions possibles, vous verrez que chaque fois qu'*on augmente le numérateur d'une fraction, on augmente la fraction ;* et que *lorsqu'on augmente le dénominateur, on diminue la fraction.*

QUESTIONNAIRE

Pourquoi la fraction est-elle plus grande quand le numérateur est plus grand ?

Quand le dénominateur est plus grand, la fraction est-elle plus grande ou plus petite ?

Quand on augmente le numérateur, qu'est-ce que cela fait à la fraction ? — Et si on le diminue ?

Si on augmente le dénominateur, que devient la fraction ? — Et si on le diminue ?

EXERCICES.

7. On vous offre les $\frac{5}{7}$ ou les $\frac{5}{6}$ d'un gâteau : lequel préférez-vous ?

8. Voici deux seaux égaux : l'un est rempli jusqu'aux $\frac{3}{4}$ de sa capacité, l'autre jusqu'aux $\frac{3}{8}$; lequel est le plus facile à porter ?

9. Deux personnes travaillent à un même ouvrage : l'une en a fait les $\frac{5}{12}$, l'autre les $\frac{4}{12}$: laquelle a travaillé davantage ?

10. Deux élèves doivent contribuer à un certain travail : l'un doit en faire les $\frac{7}{12}$, l'autre les $\frac{7}{15}$, lequel des deux a le plus long travail ?

IV. Les fractions décimales.

Examinons maintenant la fraction que voici :

$$\frac{1}{10}.$$

Vous la connaissez. C'est une fraction comme toutes les autres, seulement son dénominateur est 10. Il nous indique que l'entier a été divisé en 10 parties égales.

Supposez maintenant que nous prenions l'une après l'autre chacune de ces parties, et que nous les divisions en 10 chacune à leur tour ; nous formerons ainsi 10 fois 10 parties égales, c'est-à-dire 100 parties. Chacune de ces parties est un centième, et s'écrit ainsi

$$\frac{1}{100}.$$

Et si nous divisons à leur tour chacun de ces centièmes en 10 parties, nous aurons 1000 par-

1000 parties, dont chacune sera un millième : $\dfrac{1}{1000}$.

Nous pourrions continuer à diviser encore chaque partie par 10, mais arrêtons-nous là pour le moment.

Ces portions $\dfrac{1}{10}$ $\dfrac{1}{100}$ $\dfrac{1}{1000}$ que nous avons formées en partageant l'unité en dix, puis chaque partie en dix et celles-ci en dix encore, s'appellent des *fractions décimales*, c'est-à-dire des fractions par dixièmes. Toutes les fractions ainsi formées ont donc pour dénominateur 10, 100, 1000.

Ainsi donc, mes enfants, le nom de fractions décimales exprimant la manière dont l'unité a été partagée, dépend uniquement du dénominateur. Une fois le partage fait vous pouvez prendre, pour former une fraction, plusieurs dixièmes, plusieurs centièmes, plusieurs millièmes. Les fractions telles que celles-ci :

$$\frac{3}{10} \quad \frac{9}{10} \quad \frac{4}{100} \quad \frac{98}{100} \quad \frac{2}{1000} \quad \frac{21}{1000} \quad \frac{850}{1000}$$

n'en seront pas moins des fractions décimales.

QUESTIONNAIRE

Qu'est-ce qu'une *fraction décimale*?

Que veut dire le mot : décimale?

Combien y a-t-il de dixièmes dans un entier? de centièmes? de millièmes?

Combien de centièmes dans un dixième? de millièmes dans un centième?

EXERCICES.

11. Laquelle est la plus grande des deux fractions de chacun de ces groupes :

$$\frac{2}{7} \text{ et } \frac{4}{7}, \ \frac{3}{6} \text{ et } \frac{4}{6}, \ \frac{5}{7} \text{ et } \frac{5}{8}, \ \frac{3}{1000} \text{ et } \frac{4}{1000}, \ \frac{4}{1000} \text{ et } \frac{1}{3000}$$

$$\frac{50}{100} \text{ et } \frac{51}{100}, \ \frac{3}{100} \text{ et } \frac{3}{191}, \ \frac{4}{10} \text{ et } \frac{4}{11}$$

12. Reconnaître quelles sont les fractions décimales parmi celles qui sont dans les problèmes et les exercices précédents.

V. Suite des fractions décimales. — Les dixièmes.

Les fractions décimales, ainsi que vous venez de le voir, ne sont pas d'une autre nature que les autres fractions. Seulement cette manière de diviser l'unité en 10, 100 ou 1000 parties est plus commode, et les fractions ainsi formées sont plus faciles à calculer que celles qui ont d'autres nombres pour dénominateur.

Les fractions décimales étant plus faciles à calculer, on en fait plus souvent usage que des autres ; et justement parce qu'on en fait plus souvent usage, on a imaginé une manière de les écrire plus rapide et plus simple.

Supposons que vous ayez à écrire le nombre fractionnaire : deux entiers trois dixièmes. Vous pouvez fort bien l'écrire comme ceci : $2 \dfrac{3}{10}$; mais on est convenu, pour abréger, d'écrire simplement le chiffre qui exprime les dixièmes après celui des unités. Et pour ne pas confondre le chiffre qui représente les unités avec celui qui représente les dixièmes, on les sépare l'un de l'autre par une *virgule :* 2, 3.

Remarquez, mes enfants, combien cette virgule est importante, toute petite qu'elle est. Si on l'oubliait, cela ferait croire à ceux qui liraient ce nombre que 2 exprime des dizaines et 3 des unités, ce qui ferait 23 et non $2 \dfrac{3}{10}$.

Ainsi, quand vous verrez un nombre dans lequel il y a une virgule entre deux chiffres, vous saurez d'abord que c'est un nombre fractionnaire ; puis, que le chiffre *qui précède la virgule,* est le chiffre des unités ; et que celui qui la suit est la fraction décimale. Quand il n'y a qu'un chiffre après la virgule, ce chiffre exprime des dixièmes. Ainsi :

$$3, 4 \qquad 5, 6 \qquad 12, 1 \qquad 200, 5$$

se lisent comme s'il y avait : 3 entiers 4 dixièmes. 5 entiers 6 dixièmes. 12 entiers 1 dixième. 200 entiers 5 dixièmes.

Mais si dans le nombre à écrire il n'y a pas d'unités entières ; si, au lieu d'un nombre fractionnaire nous avons simplement une fraction, que ferons-nous ? Puisque le chiffre des dixièmes doit être placé après la virgule et celui des unités avant, nous mettrons un zéro au rang des unités entières, pour indiquer qu'il n'y en a pas ; puis nous écrirons la virgule qui sert à séparer les unités des dixièmes ; enfin après la virgule, nous poserons le nombre de dixièmes que nous avons. Ainsi pour 5 dixièmes nous écrirons :

$$0, 5$$

Quand on lit un nombre ainsi écrit, on n'a pas besoin d'énoncer qu'il n'y a pas d'unités, on nomme simplement la fraction. S'il y avait des unités, on les lirait ; donc, puisqu'on ne les lit pas, c'est qu'il n'y en a pas. Ainsi les fractions décimales

$$0, 1 \qquad 0, 2 \qquad 0, 5 \qquad 0, 9$$

se lisent simplement: 1 dixième, 2 dixièmes, 5 dixièmes, 9 dixièmes.

Y a-t-il une manière spéciale pour écrire les fractions décimales.

Peut-on les écrire à la manière des autres fractions?

Comment sépare-t-on les unités entières, de la fraction décimale qui les accompagne?

Et s'il n'y a pas d'unités entières, que met-on pour en tenir la place avant la virgule?

A quel rang met-on les dixièmes?

13. Écrire, d'abord sous la forme de fraction à 2 termes, puis avec la forme particulière aux fractions décimales, les nombres fractionnaires suivants :

Deux et un dixième, trois et deux dixièmes, dix et un dixième, cinq et cinq dixièmes, onze et trois dixièmes, deux et sept dixièmes, un et neuf dixièmes, vingt et huit dixièmes.

14. Écrire, sous la forme habituelle aux fractions décimales les nombres fractionnaires :

$$2 \frac{2}{10} \quad 3 \frac{3}{10} \quad 4 \frac{7}{10} \quad 6 \frac{8}{10} \quad 7 \frac{9}{10}.$$

15. Écrire sous forme décimale les fractions :
Trois dixièmes, six dixièmes, un dixième.

$$\frac{6}{10} \qquad \frac{8}{10} \qquad \frac{7}{10}.$$

16. Lire les fractions   0,4   0,6   0,9   0,7.

VI. Les centièmes.

Vous comprendrez fort bien, mes enfants, que le nombre des dixièmes ne peut jamais être plus grand que 9 ; car s'il y avait seulement 1 dixième de plus, cela ferait 10 dixièmes, c'est-à-dire une unité entière, que l'on devrait écrire au rang des unités. Les dixièmes s'écrivent donc par un seul chiffre, puisque s'il y avait deux chiffres, il y aurait au moins 10, c'est-à-dire un entier.

Si en plus des dixièmes, il y a des centièmes dans la fraction décimale que nous voulons écrire, nous poserons le chiffre qui exprime ces centièmes après celui des dixièmes.

Ainsi, pour exprimer 2 unités 3 dixièmes 4 centièmes, nous écrirons : 2, 34. Pour exprimer 2 dixièmes 5 centièmes, nous écrirons : 0, 25.

Et si vous voyez écrit 3, 45 vous comprendrez que cela signifie : 3 unités 4 dixièmes 5 centièmes ; et que ce nombre : 0, 62 signifie 6 dixièmes, 2 centièmes.

Remarquez bien que le chiffre qui exprime les centièmes est le second après la virgule en allant vers la droite.

Mais si nous avions à écrire un nombre contenant des centièmes, sans dixièmes, que ferions-nous ?

Vous rappelez-vous, mes enfants, à quoi sert le zéro? A garder les places vides, n'est-ce pas ? Eh bien, de même que nous mettons un zéro pour tenir le rang des dizaines ou des centaines dans un nombre entier quand ces ordres manquent, de même si nous avons une fraction décimale dans laquelle il y ait des centièmes et pas de dixièmes, nous mettrons un zéro à la place des dixièmes, afin que le chiffre des centièmes reste à son rang qui est le second après la virgule. Nous écrirons donc le nombre fractionnaire 3 unités 5 centièmes de cette manière : 3,05.

Dans un dixième combien y a-t-il de centièmes ? 10. Un dixième vaut donc 10 centièmes; de même 2 dixièmes valent 20 centièmes; 3 dixièmes 30 centièmes, et ainsi de suite. Si nous avons la fraction 0,24, au lieu de dire 2 dixièmes 4 centièmes, nous pouvons dire : 24 centièmes. En effet, les 2 dixièmes valent 20 centièmes, qui, réunis aux 4 autres, font 24 centièmes.

Ainsi, quand on a dans une fraction décimale

des dixièmes et des centièmes, au lieu de les énoncer séparément, on les énonce ensemble, en lisant le nombre comme un nombre ordinaire de deux chiffres, mais exprimant des centièmes. En voyant ce nombre fractionnaire : 2,35, au lieu de dire : 2 unités 3 dixièmes 5 centièmes, vous pouvez lire : 2 unités, 35 centièmes. De même pour la fraction 0,45, au lieu de 4 dixièmes 5 centièmes, vous pouvez dire 45 centièmes. Ces deux manières d'énoncer sont également bonnes; elles reviennent absolument au même, et il faut les connaître toutes deux : seulement on préfère ordinairement la seconde manière, parce qu'elle est plus abrégée.

QUESTIONNAIRE

A quel rang met-on les centièmes?

Si une fraction contient des centièmes et pas de dixièmes, que fait-on pour que les centièmes restent au second rang après la virgule?

Peut-on énoncer, dans une fraction décimale, qui contient des dixièmes et des centièmes, ces deux ordres réduits en centièmes? — Pourquoi?

EXERCICES

17. Lire les fractions et nombres fractionnaires suivants, en dixièmes et centièmes (mode analytique) [1].

    2,15   3,06   4,56   0,12   0,04   0,09.

1. Voir le *Manuel.*

18. Écrire sous forme décimale :

Trois, quatre centièmes; sept, deux dixièmes; trois centièmes; un dixième deux centièmes; cinq dixièmes trois centièmes; sept centièmes; huit centièmes.

19. Lire en centièmes seulement (mode synthétique), les fractions ci-dessus.

20. Écrire : deux et dix-sept centièmes, trente-quatre centièmes, sept et onze centièmes, douze centièmes, un entier quinze centièmes, seize centièmes, vingt centièmes, trente centièmes, quarante centièmes.

VII. Les millièmes.

De même que nous avons écrit le chiffre des centièmes à la suite du chiffre des dixièmes, nous écrirons le chiffre des *millièmes,* s'il y en a dans notre nombre, à la suite de celui des centièmes; sa place après les centièmes, c'est-à-dire la troisième après la virgule, suffira pour nous le faire reconnaître.

Si nous voulons écrire cette fraction : 3 dixièmes 5 centièmes 6 millièmes, nous écrirons simplement : 0,356.

Et si nous voyons cette fraction : 0,545; nous lirons : 5 dixièmes 4 centièmes 5 millièmes.

Puisqu'il faut que le chiffre des millièmes soit au troisième rang, s'il n'y a pas de dixiè-

mes ou de centièmes nous mettrons un zéro ponr
en tenir la place ; nous en mettrons deux si les
deux ordres manquent à la fois. Ainsi, si nous
avons à écrire : 4 centièmes, 5 millièmes, nous
écrivons 0,045 ; le zéro mis au rang des dixièmes qui manquent maintient à leur rang les
centièmes et les millièmes. Si nous avons
3 dixièmes, 6 millièmes, nous écrivons 0,306
avec un zéro au rang des centièmes. Enfin
1 millième s'écrira 0,001 avec deux zéros
après la virgule, marquant l'absence des dixièmes et des centièmes, en outre de celui qui
précède la virgule pour nous indiquer l'absence
des unités.

Chaque centième vaut 10 millièmes, puisqu'en divisant 1 centième en 10 parties on a
des millièmes. Ainsi 2 centièmes valent 20 millièmes ; 4 centièmes, 40 millièmes, et ainsi de
suite. Au lieu donc de lire cette fraction 0,045 ;
4 centièmes 5 millièmes, nous pouvons lire
45 millièmes.

Chaque dixième vaut 10 centièmes, mais
puisque chaque centième vaut 10 millièmes, 1
dixième vaut donc 10 fois 10 millièmes, c'est-à-
dire 100 millièmes.

Cela étant, au lieu de lire cette fraction : 0,304

3 dixièmes 4 millièmes, nous rappelant que les 3 dixièmes valent 300 millièmes, et y ajoutant les 4 autres millièmes, nous lisons simplement 304 millièmes. De même enfin si nous avons la fraction 0,543 nous pouvons l'énoncer 543 millièmes.

Maintenant que vous savez comment nous calculons, lisons et écrivons les dixièmes, les centièmes et les millièmes, vous remarquerez, mes enfants,

1° qu'à partir de la virgule, chaque ordre décimal, c'est-à-dire chaque rang de fraction décimale vaut 10 des parties de l'unité exprimées par l'ordre suivant (à droite).

2° que nous comptons les rangs des fractions décimales à partir de la virgule en *allant vers la droite*, tandis que nous comptons les ordres des unités entières d'un nombre fractionnaire à partir de la virgule aussi, mais en *allant vers la gauche*.

3° que s'il n'y a pas d'unités entières, nous marquons leur place avant la virgule par un zéro; et que nous mettons de même des zéros à la place des ordres décimaux qui manquent, afin de tenir les autres à leur rang comme nous faisons pour les unités entières.

4° que pour lire une fraction décimale, au lieu d'énoncer chaque ordre séparément, nous pouvons, pour abréger, lire la fraction décimale à partir de la virgule comme si c'était un nombre entier, en énonçant ensuite le nom de l'ordre le plus petit, c'est-à-dire le dernier à droite.

Nous nous sommes arrêtés pour cette année aux millièmes; mais vous verrez plus tard, mes enfants, qu'il y a des fractions décimales plus petites encore, que l'on écrit, lit et calcule d'une manière toute semblable.

QUESTIONNAIRE

Quel est le rang des millièmes?

Si l'ordre des centièmes ou celui des dixièmes manque dans la fraction, que faut-il faire? — Pourquoi?

Et si les deux ordres précédents manquent à la fois?

Peut-on lire en un seul nombre de millièmes une fraction contenant à la fois des dixièmes, des centièmes et des millièmes?

EXERCICES

21. Lire les fractions suivantes, en dixièmes, centièmes et millièmes (mode analytique).

1,231	2,103	4,023	5,005.
0,121	0,993	0,067	0,002.

22. Lire ces mêmes fractions en millièmes (mod. synth.)

23. Écrire les fractions : trois millièmes, sept centièmes

deux millièmes, trois dixièmes deux millièmes, six dixièmes un centième trois millièmes.

24. Écrire les nombres fractionnaires :

Sept, neuf millièmes; trois, deux centièmes; quatre millièmes; deux, huit centièmes un millième; deux, huit
dixièmes un millième.

25. Écrire les fractions : dix-sept millièmes, vingt-huit
millièmes, douze millièmes seize millièmes.

26. Deux cent trente-cinq mill.èmes, trois cent cinq millièmes, trois cent deux millièmes, huit cent soixante-douze
millièmes, dix millièmes.

27. Trois cent vingt millièmes, deux cent cinquante millièmes, cinq cents millièmes, cent millièmes.

28. Écrire les nombres fractionnaires :

Un, et deux cent vingt-ciuq millièmes; sept, douze millièmes; douze, quinze millièmes; cent unités un millième,
deux cents unités deux millièmes, trois cents et cent vingt
millièmes, mille unités dix millièmes, sept unités soixante-
dix millièmes.

29. Huit unités quatre-vingts millièmes; vingt-sept unités
quatre-vingt-dix millièmes, trente unités neuf millièmes,
quatre-vingt-dix-neuf unités neuf cent quatre-vingt-dix-
neuf millièmes

NOTIONS

DE

GÉOMÉTRIE APPLIQUÉE

ET DE DESSIN

LES LIGNES ET LES ANGLES.

I. Introduction.

Il s'est déjà écoulé quelque temps, mes enfants, depuis le jour où nous vous avons dit pour la première fois ce que c'est que la géométrie et le dessin, et à quoi ces connaissances nous servent. Au commencement vous avez pris plaisir à tracer sur l'ardoise ou le tableau, ou à former à l'aide de vos bûchettes, des dessins figurant des contours très-simples.

Maintenant que vous êtes en âge de faire mieux, nous allons commencer sérieusement l'étude de la géométrie et du dessin.

Un dessin se compose de traits qui sont des

lignes tracées. La première chose que nous avons à faire, c'est donc d'étudier les lignes et d'apprendre à les bien tracer.

Il n'est pas besoin de vous enseigner à tirer au crayon sur le papier ou l'ardoise des lignes droites. Votre maître vous montrera comment il faut faire glisser légèrement le crayon le long de la règle solidement maintenue. Mais il ne suffit pas, pour dessiner, de tracer des lignes droites, au hasard sur une feuille de papier; il faut savoir où placer chaque ligne, quelle longueur elle doit avoir, sans quoi le dessin ne ressemblerait à rien.

QUESTIONNAIRE

De quoi se compose un dessin?

———

II. Notation des points.

Vous saurez, mes enfants, que chaque petit endroit d'une surface est ce qu'on appelle un point (même quand il n'y a aucune marque pour indiquer ce point). Ainsi les extrémités d'une ligne tracée sur une surface sont des points; l'endroit où deux lignes se rencon-

trent est aussi un point. Quand on veut indi
quer un point sur une feuille de papier, c'est-
à-dire quand on veut marquer sur cette surface un certain endroit qu'on a besoin de reconnaître, on fait une très-petite tache noire à l'aide
d'un crayon ou d'une plume, ou encore une légère piqûre avec la pointe d'une épingle ou
d'une aiguille.

Ainsi voilà cinq points marqués sur cet espace
blanc. Mais quand plusieurs points sont ainsi
indiqués sur le papier ou sur toute autre surface, comment les reconnaître l'un d'avec l'autre? Comment les distinguer quand nous voudrons parler de l'un de ces points en particulier? Nous pourrions dire, il est vrai, pour
les désigner : le point de gauche ou le point
de droite, le point d'en haut, le point d'en bas;
le point du milieu; mais ce serait long et incommode, surtout quand il y a beaucoup de
points marqués. On a imaginé d'écrire une lettre de l'alphabet auprès de chaque point ; et

de le désigner par le nom de la lettre qui l'accompagne.

A .

E .   C .   . D

B .

Ainsi, après avoir écrit les lettres auprès des points comme vous voyez ici, nous disons : le point A, le point B, le point E, le point D, le point C ; et les points ainsi désignés se distinguent au premier coup d'œil.

QUESTIONNAIRE

Comment nomme-t-on chaque petit endroit d'une surface ?

Comment marque-t-on un point déterminé ?

Quel moyen emploie-t-on pour reconnaître et désigner facilement les points marqués sur le papier ?

Est-on libre de choisir les lettres pour désigner chaque point marqué ?

III. Tracé et notation des lignes droites.

Pour connaître son chemin, il faut tout d'abord savoir deux choses : d'où l'on vient, et où l'on va ; il faut connaître le *point de départ* et le *point d'arrivée*. De même, pour tracer une ligne droite qui, comme vous savez, est le plus court chemin pour aller d'un point à un autre, et la tracer justement là où il faut, on doit avoir deux points marqués. Si vous voulez tracer une ligne dans une certaine direction sur cet espace blanc, vous commencez par marquer les deux points : le point A, d'où partira cette ligne, et le point B, où elle arrivera. Vous posez votre règle tout près des points A et B, et vous faites glisser le crayon ou la plume le long de la règle, de manière à ce que le trait passe juste par les deux points. Le trait figure la ligne qui joint les deux points A et B.

A .——————————————. B

Mais dans un dessin il y a souvent beaucoup de lignes ; comment faire pour distinguer chaque ligne tracée d'avec une autre ? C'est très-simple : nous désignerons cette ligne par le nom des lettres indiquant les points par où elle passe, et nous appellerons par exemple cette ligne que voilà tracée, la ligne A B ; en prononçant séparément le nom des deux lettres A, B, et non pas en lisant la syllabe *ab* qu'elles formeraient dans un mot.

Ordinairement, mes enfants, on ne trace la ligne droite que d'un point à l'autre ; et ces points marquent alors les extrémités de la ligne. Mais quelquefois il est nécessaire de prolonger la ligne droite, c'est-à-dire de la continuer au delà des deux points marqués, tantôt d'un côté seulement, tantôt des deux côtés, ainsi que vous le voyez ici.

——————————————— ———————————
A   B

Peut-être avez-vous pensé, mes enfants, qu'il suffirait d'avoir un seul point marqué pour savoir comment on doit tracer une ligne ; ce serait une erreur, vous allez le voir. Si on vous dit : tracez une ligne qui passe par le point A, cela ne suffit pas ; à partir de ce point marqué vous pouvez tracer la ligne vers le haut du papier ou vers le bas ; à droite ou à gauche ; vers un angle du papier ; dans toutes les directions possibles. Rien ne vous dit quelle est la direction que vous devez choisir : et la preuve, c'est que voilà

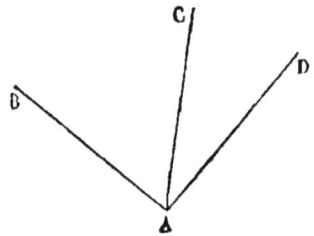

trois lignes qui passent toutes par le même point A; et qui sont toutes dirigées différemment.

Mais si on vous marque deux points par lesquels doit passer la ligne droite, cela suffit. Il n'y a qu'une seule *ligne droite possible* entre deux points, par conséquent il n'y a pas à se tromper. Et pourquoi ne peut-on tracer qu'une seule ligne droite entre deux points ? Qu'est-ce qui le prouve ? Réfléchissez : la *ligne droite* est le plus court chemin d'un point à un autre, du point E, par exemple, au point F.

E———————————————————F

Entre le point E et le point F, on pourrait suivre plusieurs chemins, mais il n'y en a évidemment qu'un seul qui soit le plus court. Entre les deux points vous pouvez tracer autant de lignes que vous voudrez, mais il ne peut y en avoir qu'une seule qui soit *droite*.

Maintenant, mes enfants, que vous savez tracer nettement une ligne droite entre deux points, vous pouvez déjà faire de très-jolis dessins en joignant par des lignes droites, délicatement tracées au crayon, des points que votre maître aura marqués d'avance sur le papier, en disposant les lignes comme vous l'indiquera le modèle qu'il placera en même temps sous vos yeux.

Vous savez comment on trace une ligne droite sur le plancher à l'aide d'un cordeau bien tendu et frotté de craie. Si on vous demandait de tracer ainsi une ligne droite entre deux points *donnés* (c'est-à-dire marqués à l'avance), vous n'auriez qu'à tendre votre cordeau de manière à ce qu'il touchât exactement les deux points donnés. C'est le moyen que les charpentiers emploient pour tracer des lignes droites sur leurs pièces de bois.

Quand on veut marquer une ligne droite *sur le terrain* (c'est-à-dire à la surface du sol), entre deux points donnés, on enfonce d'abord un piquet à chacun des deux points, puis on tend un cordeau entre eux en le fixant solidement aux deux piquets. On n'enlève pas le cordeau comme le font les charpentiers : on le laisse en place, c'est le cordeau lui-même qui figure la ligne droite, et sert à diriger le travail qu'on veut faire. C'est ainsi que les maçons marquent la ligne qu'ils doivent suivre en construisant un mur, et les jardiniers celle qui leur sert à tracer leurs allées et leurs plates-bandes. De même, lorsque les jardiniers veulent planter

les arbres ou d'autres plantes régulièrement et
m ligne droite, ils tendent un cordeau dans la
lirection qu'ils choisissent ; puis ils prennent
une baguette de longueur convenable, et cette
baguette leur sert de mesure pour faire leurs
trous à des distances égales le long de la ligne
marquée, en mettant entre chaque pied d'arbre
ou entre chaque graine mise en terre, la longueur de cette baguette.

QUESTIONNAIRE

Quel est le plus court chemin d'un point à un autre ?

Que faut-il nécessairement connaître pour savoir quel
chemin on doit parcourir ?

Pour tracer une ligne droite là où il faut, que doit-on
connaître ?

Pourquoi un seul point ne suffirait-il pas ?

Comment désigne-t-on une ligne tracée, pour la reconnaître entre plusieurs autres lignes ?

Entre deux points donnés pourrait-on tracer plusieurs
lignes droites ?

Peut-on prolonger les lignes au delà du point marqué ?

Tracez sur le papier, entre des points marqués, des lignes droites de manière à former un dessin.

Tracez sur le sol des lignes au cordeau entre deux points
marqués.

IV. Tracé et notation de l'angle.

Puisqu'un angle est formé par deux lignes qui se *rencontrent*, pour dessiner un angle vous tracerez, à partir d'un même point, deux lignes allant en s'écartant l'une de l'autre.

Mais si, au lieu de vous demander un angle quelconque, on vous demande de tracer un angle d'une certaine ouverture, et dans une certaine position, il faut que la direction à donner à vos deux lignes soit marquée à l'avance par des points. Pour marquer la position d'une ligne, il faut *deux points*, avons-nous dit ; or puisqu'il faut deux lignes pour tracer un angle, nous faut-il quatre points donnés pour dessiner un certain angle ? Eh bien non, mes enfants, il n'en faut que *trois ;* et vous allez le comprendre : c'est que l'un des *trois* points, celui qui doit être au sommet de l'angle, sert pour les deux lignes, puisqu'il est justement leur point de rencontre. C'est ce qu'on exprime en disant que deux lignes qui se rencontrent, ou se coupent, ont un *point commun*, c'est-à-dire un point qui sert à la fois pour les tracer toutes deux, qui appartient à l'une et à l'aure : ce point, c'est justement le sommet de l'angle.

Pour tracer un angle il faut donc trois points ; pour désigner un angle on emploiera donc *trois lettres*, les trois lettres qui marquent les trois points nécessaires et les deux lignes. Seulement il faut avoir bien soin de mettre *au milieu* la lettre qui marque le sommet, le point commun aux deux lignes. Ainsi pour désigner l'angle que voici, et qui est formé par les deux lignes
B A, A C, nous nom-
mons cet angle B A C, en
mettant au milieu la let-
tre A qui marque le *som-*
met de l'angle, ou le point commun aux deux lignes.

De même, quand on a trois points donnés et marqués par des lettres, si on vous demande de tracer l'angle en vous nommant les lettres, il faut avoir bien soin de tracer la ligne entre ces points, de telle sorte qu'elles se rencontrent au point désigné par la *lettre du milieu.*

Maintenant il n'est pas besoin de vous dire comment vous devriez tracer sur le plancher, au cordeau frotté de craie, un angle marqué par trois points nommés; ou sur le terrain, en reliant par deux cordeaux les trois piquets enfoncés aux trois points. La seule chose importante est de bien connaître lequel des trois points doit être le sommet.

Combien faut-il de points pour faire connaître un angle?

Pourquoi trois points suffisent-ils?

Où est le point commun aux deux lignes qui se joignent ou se coupent?

Combien faut-il de lettres pour désigner un angle?

Quelle est la lettre qui doit être mise au milieu?

Si vous avez trois points marqués par des lettres, et qu'on vous demande de tracer un angle entre ces points en vous nommant les trois lettres, comment saurez-vous quel point doit être le sommet de l'angle?

Tracez un angle désigné à l'aide de trois points donnés.

V. L'équerre.

Vous savez déjà, mes enfants, ce que c'est qu'une ligne perpendiculaire à une autre; apprenons maintenant à la tracer exactement. On se sert ordinairement pour cela d'un petit instrument qu'on appelle *une équerre* et dont voici le dessin (en petit). C'est tout simplement une petite planchette taillée en forme de triangle, et

dont l'un des angles est droit. Vous comprenez que si vous posez
l'équerre sur le papier,
et que vous traciez avec
votre crayon deux lignes
droites, en suivant les
deux côtés de l'équerre

Équerre.

qui forment un angle droit, vous aurez dessiné sur le papier un angle *droit* aussi, et
par cela même vos deux lignes tracées seront
perpendiculaires l'une à l'autre. Si vous n'avez
pas d'équerre en bois, vous pourriez en faire
une avec du papier un peu fort, en le pliant
deux fois, ainsi que vous avez appris à le faire
l'année dernière, et cette sorte d'équerre un peu
fragile vous servira très-bien pour tous les tracés que vous avez à faire.

QUESTIONNAIRE

Quand deux lignes sont-elles perpendiculaires l'une à
l'autre ?

Quel angle forment deux lignes perpendiculaires l'une à
l'autre ?

Qu'est-ce que l'équerre ? Quelle est sa forme ? son
usage ?

Comment peut-on fabriquer un équerre en papier ?

VI. Elever une perpendiculaire.

Si on vous demande de tracer quelque part sur le papier deux lignes perpendiculaires, ou, ce qui est la même chose, de tracer un angle droit, vous saurez le faire. Mais si l'une des deux lignes est tracée à l'avance? et si, sur *cette ligne* on a marqué un point en disant: c'est par ce point que la perpendiculaire doit passer, c'est là que doit être le sommet de l'angle droit? Vous serez peut-être dans l'embarras. Alors voici ce qu'il faut faire. Vous posez d'abord votre règle le long de la ligne tracée à l'avance; puis vous posez votre équerre (de bois ou de papier) de telle sorte qu'elle joigne bien la règle par un des côtés de son angle droit, comme vous le voyez figuré sur ce dessin. Vous la faites glisser le long de la règle, jusqu'à ce que son angle droit arrive à joindre le point marqué; vous posez la pointe de votre crayon sur ce point et vous tirez votre perpendiculaire le long du second côté de l'équerre.

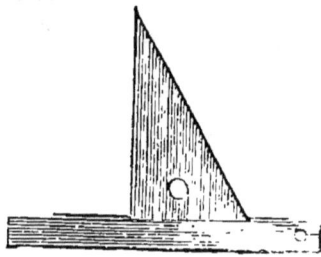

C'est ce qu'on appelle *élever* une perpendiculaire sur une ligne, à un point marqué sur cette ligne.

QUESTIONNAIRE

Tracez deux lignes perpendiculaires.

Tracez un angle droit.

Si l'une des deux lignes est donnée, comment faut-il faire pour tracer une perpendiculaire passant par un point marqué sur cette ligne?

Qu'appelle-t-on *élever* une perpendiculaire?

Élevez une perpendiculaire sur une ligne donnée en un point donné.

VII. Abaisser une perpendiculaire.

On pourrait aussi vous dire : Voici une ligne droite tracée à l'avance; tracez une autre ligne perpendiculaire à celle-ci, partant d'un point marqué d'avance, non plus sur la ligne, comme la première fois, mais à un endroit du papier en dehors de la ligne. Cela n'est pas plus difficile à faire; seulement le point marqué n'étant pas sur la ligne donnée, ne se trouvera pas au *sommet* de l'angle droit que nous allons tracer; il sera seulement dans la perpendiculaire. Nous posons notre règle et notre équerre de la même manière que pour élever une perpendiculaire; nous faisons glisser notre équerre jusqu'à ce qu'elle vienne presque toucher le point marqué, non plus par son angle, cette fois, mais par un côté de son angle droit. Alors nous posons notre crayon sur le point marqué, et nous le faisons glisser le long de l'équerre, jusqu'à la rencontre de la ligne. La ligne tracée de cette manière est bien une perpendiculaire; et de plus, elle passe par le point donné. C'est là ce qu'on appelle *abaisser* une perpendiculaire sur une ligne, par un point donné en dehors de cette ligne.

Il n'est pas besoin de vous dire que nous pourrons, quand cela sera utile, prolonger notre perpendiculaire, soit au delà du point donné, soit de l'autre côté de la ligne.

QUESTIONNAIRE

Si vous voulez tracer une ligne perpendiculaire à une ligne donnée, et passant par un point donné en dehors de cette ligne, comment faut-il faire?

Qu'appelle-t-on *abaisser* une perpendiculaire sur une ligne?

Peut-on prolonger dans les deux sens une perpendiculaire élevée ou abaissée?

Abaissez une perpendiculaire par un point donné sur une ligne donnée.

VIII. Tracé des parallèles à l'équerre.

Posons encore notre règle sur le papier, et appliquons-y notre équerre comme nous le faisons pour tracer des perpendiculaires. Traçons une ligne le long du côté *libre* de l'équerre, c'est-à-dire de celui qui n'est pas appliqué contre la règle. Faisons alors glisser notre équerre en avant ou en arrière, peu importe, mais toujours en la maintenant bien appliquée contre la règle, et traçons une seconde ligne. Puis, toujours de la même manière, et en ayant bien soin que la règle ne se dérange pas, traçons une troisième, une quatrième ligne; traçons-en autant que nous voudrons. Toutes les lignes ainsi tracées sont parallèles l'une à l'autre.

EXERCICES.

Quand dit-on que deux lignes sont parallèles?
Tracez des lignes parallèles à l'aide de l'équerre.

———

IX. Mener une parallèle à une ligne donnée, par un point donné. — Oblique.

Vous savez maintenant comment on s'y prend pour tracer sur le papier des lignes parallèles

entre elles. Mais si l'on vous disait : Voici une
ligne tracée d'avance, la ligne A B par exemple : tracez une ligne parallèle à celle-là. Que
feriez-vous ? Vous placeriez d'abord l'un des
côtés de l'angle droit de votre équerre le long de
la ligne A B, puis vous poseriez votre règle, en
l'appliquant bien juste contre l'autre côté de

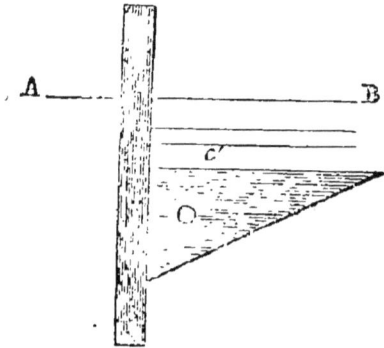

l'angle droit de l'équerre. Cela fait, toutes les
lignes que vous tracerez en faisant glisser l'é-
querre, comme nous l'avons indiqué déjà, seront
parallèles à la ligne A B tracée à l'avance. Vous
voyez que c'est exactement le même procédé
que précédement ; seulement il faut commencer
par poser l'équerre suivant la ligne donnée.

On pourrait aussi vous dire : tracez une parallèle à cette ligne marquée d'avance, mais de
manière que cette parallèle passe par un point
marqué à l'avance aussi, à quelque distance de

la ligne; le point *c* par exemple. Eh bien, après avoir posé d'abord le côté de l'équerre contre la ligne tracée à l'avance (la ligne A B, si vous voulez), puis appliqué votre règle, vous faites avancer ou reculer votre équerre en la faisant glisser comme vous savez, de manière que le côté de l'équerre vienne se placer tout-près du point marqué *c*. Vous posez alors le crayon sur ce point, et vous le faites glisser d'un bout à l'autre du côté de l'équerre. La ligne ainsi tracée est bien parallèle à la ligne donnée; de plus, elle passe par le point marqué. C'est ce qu'on appelle *mener* une parallèle à une ligne donnée, par un point donné.

Si maintenant, mes enfants, on vous donnait une ligne tracée : A B, et qu'on vous demandât de tirer une autre ligne qui fut oblique à celle-là, et passât par un point marqué à l'avance, soit sur la ligne, comme le point C, soit à une certaine distance de la ligne, comme le point D. Il n'y a pas besoin d'équerre pour cela puisqu'il ne s'agit pas d'un angle droit; vous posez simplement votre règle très-près du point

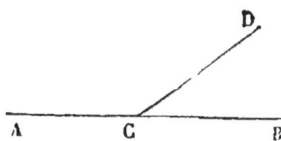

donné, et de manière à rencontrer obliquement la ligne tracée : ce qui n'est pas difficile, puisqu'il suffit de ne pas chercher à la rencontrer perpendiculairement. Vous faites glisser le crayon le long de la règle, et voilà votre oblique tracée.

QUESTIONNAIRE

Comment faut-il faire pour tracer une ligne parallèle à une ligne donnée, et passant par un point donné ?

Menez, par un point donné, une parallèle à une ligne donnée.

Quand une ligne est elle oblique à une autre ligne ?

Tracez une oblique à une ligne donnée, et passant : 1° par un point donné sur cette ligne, 2° par un point donné en dehors de cette ligne ?

X. Comparaison et mesure des lignes. — Tracé d'une ligne égale à une ligne donnée.

Vous avez appris l'année dernière, mes enfants, comment on peut comparer l'une à l'autre deux lignes droites, pour savoir si elles ont la même longueur. On les superpose, c'est-à-dire qu'on les pose l'une sur l'autre. Voyons donc maintenant comment vous pourrez tracer une ligne de longueur égale à une ligne donnée.

Supposons d'abord que la ligne donnée soit figurée par une petite bûchette, ou par un bout de fil ou de ruban. Vous commencez par tracer une ligne droite sur votre papier, en ayant soin de la faire au coup d'œil plus

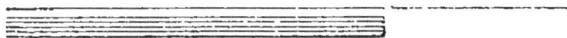

longue qu'il ne faut. Alors vous appliquez votre ligne de mesure, la bûchette ou le fil ou le ruban tendu bien droit, à partir d'une des extrémités de la ligne tracée. Vous faites sur cette ligne une petite marque juste à l'autre extrémité de la ligne de mesure, et vous dites : Cette ligne tracée, à partir de son extrémité jusqu'à ce point marqué, est égale à la ligne donnée. Le reste de la ligne, ce qui est au delà du point marqué, ne compte pas ; vous pouvez l'effacer, ou tout simplement vous n'en tenez pas compte. Si au lieu d'être figurée par une petite bûchette, ou un ruban ou un autre objet, la ligne de mesure était tracée sur le papier, vous pourriez d'abord en prendre la longueur avec un bout de ruban, que vous porteriez ensuite sur votre ligne tracée, comme nous venons de vous l'expliquer.

Comment compare-t-on les longueurs de deux lignes?
Comment tracer une ligne égale à une ligne donnée?

XI. Tracé d'une ligne double, triple, etc. d'une ligne donnée.

Et maintenant, si on vous demandait de faire des lignes deux fois, ou trois fois, ou quatre fois aussi grandes qu'une li.ne donnée pour mesure, serait-ce plus difficile? Non. Supposons que la ligne donnée soit figurée par une bûchette; on vous dit : Tracez une ligne quatre fois plus grande que celle que cette bûchette représente. Vous commencez par tirer une ligne droite plus longue qu'il ne faut. Vous y appliquez votre bûchette en partant de l'une des extrémités, et vous marquez sur la ligne tracée la longueur de la bûchette. Puis vous transportez votre bûchette, l'appliquant une seconde fois sur la ligne à partir de la première marque, et vous marquez une seconde fois la longueur de la bûchette. Vous continuez de même une troisième, une quatrième fois. Vous voyez alors, tracées sur votre ligne, quatre longueurs égales à celle de la ligne donnée pour mesure,

et vous dites : A partir de son extrémité jusqu'à la dernière marque, cette ligne est qua-

tre fois aussi grande que la ligne donnée. Le
reste au delà de la dernière marque ne compte
plus, comme vous le savez, et le mieux est de
l'effacer.

Un autre moyen encore. Supposons cette
fois que vous ayez à faire une ligne cinq fois
plus longue que la ligne A B tracée ici :

A ———————————————— B

Vous prenez un ruban de papier un peu long;
vous en posez l'extrémité sur le point A, en
couchant votre ruban le long de la ligne A B.
Puis, en face du point B, qui est l'autre extrémité de la ligne donnée, vous pliez votre ruban
de papier, de telle sorte qu'il se replie sur la
partie déjà étendue le long de la ligne. Vous
repliez encore une seconde fois votre papier en
sens inverse en face du point A, puis vous le
rabattez encore une fois; et ainsi de suite jusqu'à ce que vous ayez cinq longueurs de ruban de papier pliées l'une sur l'autre, et tou-

tes égales à la longueur de la ligne **A B**. Cela fait, vous coupez le ruban; vous n'avez plus qu'à le déplier et à l'étendre, il vous figurera une ligne cinq fois aussi grande que la ligne donnée **A B**. S'il vous faut avoir cette ligne tracée, vous n'avez qu'à tirer sur le papier, une ligne égale à celle que figure votre ruban, suivant la manière que vous connaissez déjà.

Remarquez, mes enfants, combien ceci ressemble à une opération de mesurage : si vous vouliez tracer sur le sol une ligne ayant un certain nombre de mètres ou de décimètres, c'est de cette manière que vous devriez vous y prendre; seulement, au lieu d'une bûchette ou d'un ruban de papier, ce serait le mètre de bois, ou le mètre de ruban que vous appliqueriez plusieurs fois sur votre ligne.

QUESTIONNAIRE.

Comment peut-on marquer sur une ligne tracée une longueur égale à deux fois, trois fois, quatre fois la longueur d'une ligne donnée? (sans employer le compas).

A ——————————— F

Tracez une ligne d'une longueur égale à trois fois la longueur de la ligne A F. Une autre ligne égale à six fois cette même ligne.

XII. Comparaison de deux lignes.

Vous savez maintenant ce que vous auriez à faire si on vous demandait de tracer une ligne qui eût deux fois, ou trois fois, ou dix fois la longueur d'une autre ligne. Mais il pourrait arriver aussi qu'on vous montrât deux lignes, et qu'on vous dît de mesurer combien la plus grande contient de fois la longueur de la plus petite? Vous avez, par exemple, une ligne tracée à la craie sur le tableau; vous voulez savoir combien de fois elle contient la longueur d'une autre ligne figurée par une bûchette. Vous commencez à mesurer absolument comme si vous vouliez faire une ligne plusieurs fois aussi longue que votre bûchette, ainsi que nous venons de l'expliquer. C'est encore, au fond, la même chose; seulement, dans le premier cas, vous connaissiez *le nombre de fois* que la plus grande ligne devait contenir la plus petite, et c'était la longueur de la grande ligne que vous cherchiez. Cette fois, la longueur de la grande ligne est donnée d'avance, et c'est le nombre de fois que vous cherchez. Vous transportez donc votre bûchette de mesure en traçant des traits à chaque longueur égale à votre bûchette ; puis, quand vous êtes arrivés au bout, vous comptez ces longueurs.

Vous pensez bien que si la petite ligne au lieu d'être figurée par une bûchette, était tracée sur le papier ou le tableau, la première chose à faire serait de tailler un ruban de papier à la longueur juste de la ligne ; puis vous continueriez comme nous venons de vous l'expliquer.

Remarquez encore, mes enfants, que c'est là exactement ce que vous faites quand vous voulez mesurer la longueur d'une ligne avec un mètre ou un décimètre : seulement dans ce cas, c'est le mètre ou le décimètre qui vous sert de mesure, au lieu d'une ligne donnée.

QUESTIONNAIRE.

Comment mesurer combien de fois la longueur d'une ligne donnée contient la longueur d'une autre ligne donnée ?

A ————————————————— M

Mesurez combien de fois la ligne tracée sur le papier par le maître contient de fois la ligne A M.

Y a-t-il quelque rapport entre cette opération et une opération de mesurage à l'aide du mètre?

———

XIII. Division des lignes.

Vous avez appris l'année dernière, mes enfants, qu'on peut diviser une ligne en autant de parties égales qu'on le veut, en faisant de petits traits à égale distance le long de cette ligne. Nous allons maintenant vous apprendre comment vous pouvez vous-même diviser juste la longueur d'une ligne.

Supposons d'abord que votre ligne soit représentée par un fil ou un cordeau que vous tenez bien tendu. Si vous voulez la diviser en deux parties égales, vous n'avez qu'à replier votre fil ou votre cordeau de manière que les deux bouts se touchent; vous tendez votre fil ainsi plié en double, et vous avez une longueur qui est juste la moitié de la longueur totale du fil. En faisant une marque à ce point et étendant le fil, vous aurez votre ligne partagée en deux parties égales.

Si au lieu de plier votre ligne en deux seulement, vous la pliez une seconde fois, c'est-à-dire en quatre, vous aurez une longueur qui sera le quart de la longueur du fil étendu ; en marquant chaque pli vous aurez divisé votre ligne en quatre. Si vous pliez encore en deux chaque partie, vous aurez divisé la longueur du fil en huit parties égales. Diviser une ligne en cinq ou dix parties, ou en autant de parties que vous voudrez, pourrait se faire de la même manière, mais ce serait plus difficile.

Maintenant supposons qu'au lieu d'être figurée par un fil, un cordeau, un ruban de papier, la ligne donnée que vous voulez diviser en parties égales soit figurée par quelque chose qui ne puisse pas se plier, ou soit simplement tracée sur le papier ou sur le sol, qu'allez-vous faire ?

Voici par exemple la ligne C D tracée sur ce livre ; vous voulez la diviser en quatre parties. La première chose que vous faites, c'est d'en prendre la longueur avec un fil, ou mieux avec un ruban de papier. Vous appliquez le ruban de papier contre cette ligne, et vous le taillez de manière qu'il joigne bien juste les deux extrémités. Cela fait, vous allez plier en une fois d'abord, puis une autre fois encore, votre

ruban de papier. Vous le redressez ensuite ; les
plis restent marqués, et la longueur de votre

C ————————————————————————————————— D

ruban est divisée en quatre. Cette longueur
du ruban étant la longueur même de la ligne C D, vous n'avez plus qu'à appliquer une
seconde fois votre ruban de papier le long de
cette ligne bien exactement ; puis à faire un
petit trait sur la ligne en face de chaque pli,
et voilà votre ligne divisée en quatre parties
égales.

Si la ligne est trop longue pour permettre
d'employer ainsi un ruban de papier ; si c'est,
par exemple, une longue ligne tracée sur le
sol, vous en prenez la longueur avec un cordeau ; puis repliant la moitié du cordeau sur
l'autre moitié, de manière à faire joindre les
deux bouts, vous marquez le milieu de votre
ligne au pli du cordeau ainsi redoublé ; enfin
vous le pliez une seconde fois par la moitié si
vous voulez avoir le quart de la ligne, et ainsi
de suite.

Comment divise-t-on en deux parties égales la longueur d'une ligne figurée par un fil ou un cordeau tendu ou tracée sur le papier ou sur le sol?

Comment peut-on diviser des lignes en quatre parties égales? en huit parties égales?

Divisez en deux, puis en quatre parties égales la longueur d'une ligne représentée par un ruban de papier.

Marquez par un point le milieu de la ligne C D.

C ——————————————————————————————— D

XIV. Le triangle.

Maintenant que vous savez mesurer les lignes, nous allons dessiner diverses figures. Commençons d'abord par la plus simple. Quand vous disposez sur la table trois petites bûchettes de manière que chacune touche aux deux autres par ses deux extrémités, la figure, c'est-à-dire l'espèce de dessin que vous formez ainsi, est, comme vous le savez un triangle; cette manière de former le triangle vous est familière. Maintenant, marquez au hasard, sur votre papier, trois petits points, en faisant seulement attention qu'ils ne soient pas en ligne droite. Vous mettez une lettre pour marquer chacun de ces points, par exemple à l'un la lettre A, à l'autre la lettre B, au dernier la lettre C. Puis avec votre crayon et votre règle vous tirez une ligne droite du point A au point B, une seconde du point B au point C, enfin une troisième du point C au point A, sans prolonger les lignes au delà des points, ce qui serait inutile.

. C

A .   . B

Vous aurez ainsi dessiné un triangle, et en même temps toutes les parties de ce triangle seront marquées.

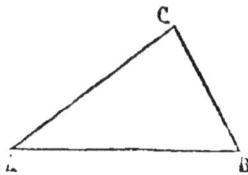

Ainsi les trois points A B C seront les trois sommets des angles du triangle; les lignes A B, A C, B C, seront les trois côtés, comme sur le triangle que voici représenté.

Maintenant vous voulez tracer un grand triangle sur le terrain, dans la cour, par exemple: vous enfoncez trois piquets, comme nous avons déjà fait pour figurer un angle sur le terrain. Mais au lieu de joindre les trois piquets par deux cordeaux seulement, figurant les deux côtés de l'angle, vous les joignez l'un à l'autre par trois cordons qui seront les trois côtés du triangle, et les trois piquets marqueront les trois sommets.

QUESTIONNAIRE.

Montrez les trois angles et les trois côtés d'un triangle tracé.

Combien faut-il avoir de points donnés pour former un triangle ?

Où se trouveront ces points quand le triangle sera tracé ?

Tracez un triangle ; marquez ses sommets.

Désignez, en nommant les lettres, les trois côtés de ce triangle l'un après l'autre. Désignez de même les trois angles.

XV. Le triangle équilatéral.

Tous les triangles ont trois côtés et trois angles, et pourtant tous les triangles ne se ressemblent pas. Non-seulement on peut en tracer de grands et de petits, mais ceux qui ont à peu près la même grandeur, n'ont pas toujours la même forme. Il y a donc différentes espèces de triangles.

Prenons encore nos bûchettes ; seulement

nous ferons attention à choisir cette fois trois bûchettes *d'égale longueur*. Disposons-les en triangle : le triangle ainsi formé a ses trois *côtés égaux*. C'est ce qu'on appelle un triangle *équilatéral*, mot qui signifie justement : côtés égaux.

Au lieu de trois bûchettes, vous pourriez prendre trois épingles d'égale longueur, ou trois longues baguettes, pourvu qu'elles soient bien égales; le triangle, grand ou petit, sera toujours un triangle *équilatéral*. Les trépieds et les chevrettes de fer ont la forme de triangles équilatéraux.

Si quelqu'un vous marque sur le papier trois points à égales distances les uns des autres, en joignant les trois points par trois lignes, comme vous savez déjà le faire, vous aurez dessiné un triangle équilatéral. Et si vous enfoncez dans le sol trois piquets à distances égales, en les réunissant par trois cordons égaux, vous aurez figuré sur le terrain un triangle équilatéral.

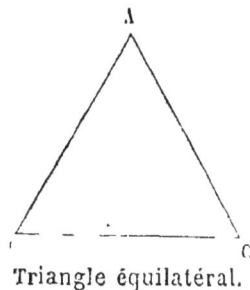

Triangle équilatéral.

QUESTIONNAIRE.

Y a-t-il différentes espèces de triangles ?

Comment nomme-t-on le triangle qui a ses trois côtés égaux?

Tracez un triangle équilatéral à l'aide de trois points donnés.

XVI. Le triangle isoscèle et le triangle scalène.

Prenons encore trois bûchettes dont deux seulement seront parfaitement égales; la troisiè-me sera plus grande ou plus pe-tite à notre choix. Le triangle que nous figurerons avec ces trois bûchettes aura seulement deux côtés égaux. Ces sortes de triangles se nomment des trian-gles *isoscèles*.

Triangle isoscèle.

Vous pourrez tracer sur le papier des trian-gles *isoscèles,* en joignant par des lignes droi-tes des points marqués par avance à une dis-tance convenable; ou sur le terrain avec des cordeaux et des piquets dont l'un est planté plus ou moins loin, mais à égale distance des deux autres.

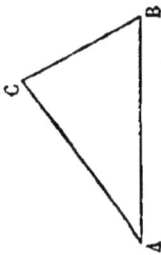

Triangle scalène.

Les triangles qui n'ont aucun côté égal à un autre, qui ne sont, ainsi, ni équilatéraux, ni isoscèles, et que vous tracerez en prenant vos points au hasard, se nomment *scalènes*, c'est-à-dire *boiteux* ou inégaux.

Comment nomme-t-on le triangle dont deux côtés sont égaux? Ceux dont les trois côtés sont inégaux?

XVII. Piquer un dessin.

Vous savez déjà tracer des contours composés de lignes droites, et des dessins figurant divers objets, en traçant des lignes droites entre des points marqués d'avance par le maître. Nous allons maintenant vous apprendre comment vous pouvez par vous-même, et sans avoir besoin de personne, copier un petit dessin entièrement composé de lignes droites. Supposons donc que l'on vous ait donné à copier un dessin comme celui-ci, représentant une petite maison.

Vous commencez par poser le modèle sur la feuille de papier où vous voulez faire votre dessin; vous le maintenez bien étendu avec votre main ; vous prenez alors une aiguille ou une épingle fine, et vous piquez légèrement avec l'aiguille tous les points qui marquent les extrémités des lignes formant le dessin : vous savez qu'il suffit que les deux extrémités d'une ligne soient indiquées, pour que la ligne entière soit déterminée. Alors vous enlevez votre modèle, et vous voyez des points marqués sur le papier blanc, parce que la piqûre a pénétré à travers le papier du modèle. Vous tirez alors, entre ces points, des lignes disposées comme celles du modèle, ce qui n'est pas difficile, puisque vous l'avez sous les yeux. En tirant ces lignes délicatement, et en ayant soin de ne pas dépasser les points marqués, vous aurez un joli petit dessin, absolument semblable au modèle : c'est ce qu'on appelle *piquer un dessin*.

QUESTIONNAIRE,

Quel moyen peut-on employer pour copier rapidement un dessin formé de lignes droites ?

Quel nom donne-t-on à cette manière de copier un dessin ?

XVIII. Le Cercle.

Après avoir appris la manière de tracer des figures composées de lignes droites, disons un mot, mes enfants, de la manière de tracer les cercles sur le papier. Vous savez déjà le faire à l'aide d'un fil tendu tournant autour d'une épingle ; mais ce moyen, si commode pour tracer de grands cercles, est très-incommode pour en tracer de petits. Il y a un instrument fait exprès pour tracer les cercles ; il faut que vous le connaissiez, parce qu'on s'en sert très-souvent : cet instrument, c'est le *compas*.

Le compas est composé de deux branches terminées en pointe à une extrémité, et réunies à l'autre, de manière à pouvoir s'écarter ou se rapprocher à volonté. Quand on veut tracer un cercle sur une planche, on écarte les deux pointes l'une de l'autre, plus ou moins, suivant la grandeur que le cercle doit avoir. On appuie alors légèrement une des pointes, et l'on fait tourner le compas de manière que l'autre pointe trace.

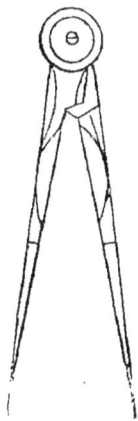

La pointe qui tourne marque la circonférence du cercle, tandis que l'autre reste fixée au centre. L'écartement des pointes du compas, c'est-à-dire la distance de la pointe qui trace à celle qui est fixe, est la distance même qu'il y a du centre à la circonférence : c'est juste la longueur du rayon du cercle.

Pour tracer un cercle sur le papier, on remplace la pointe traçante par un petit crayon ou une sorte de plume appelée *tire-ligne*, solidement fixée à la branche du compas. Si vous n'avez pas de compas à votre disposition, vous pourrez tracer des cercles en suivant avec le crayon le contour d'un objet rond posé sur le papier ; le bord d'un verre vous fournira un cercle moyen, celui d'une boucle de rideau un plus petit, celui d'une assiette un plus grand. Il y a encore un moyen qui vous réussira si vous avez de l'adresse : vous prenez le crayon entre le pouce et le premier doigt, et vous posez la main sur le papier, très-légèrement, de manière qu'elle ne touche que par le bout de l'ongle du petit doigt (comme la main représentée sur le dessin que voici). Votre main formera comme un compas dont votre petit doigt sera la pointe fixe, et le bout de

votre crayon la pointe traçante. Seulement au
lieu de faire tourner votre main comme un

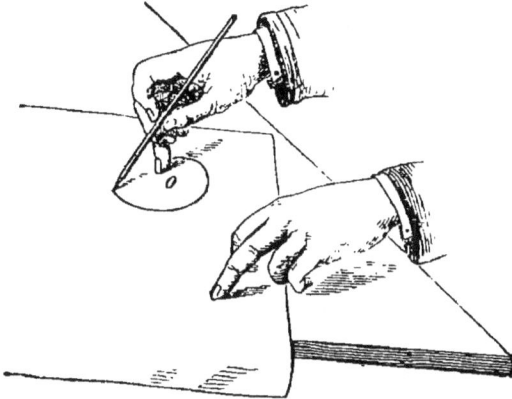

compas, c'est la feuille de papier que vous fe-
rez tourner en dessous, en vous servant de
l'autre main. Le crayon, très-légèrement ap-
puyé, tracera le cercle.

Maintenant, commençons à tracer un cercle,
puis arrêtons-nous : le cercle reste inachevé. La
ligne courbe que nous venons de tracer ainsi :

est seulement une partie de circonférence. Re-
connaissez-vous déjà à quoi ressemble cette ligne courbe? Elle ressemble, direz-vous, à une
baguette flexible qu'on aurait ployée.

Marquons par les lettres : A, B, les deux extrémités de notre portion de circonférence. Puis,
du point A au point B, tirons une ligne droite.

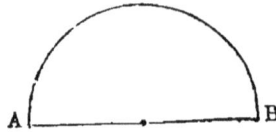

Ne trouvez-vous pas, mes enfants, que cette
figure représente assez bien un arc tendu avec
sa corde? La ligne courbe représente l'arc, la
ligne droite est la corde tendue, sur laquelle on
pose la flèche.... Eh bien, mes enfants, ce
sont là, justement, les noms qu'on donne à ces
lignes. Une portion de circonférence, grande ou
petite, s'appelle un *arc de cercle*, et quand on
joint par une ligne droite les deux extrémités
d'un arc, cette ligne droite se nomme *corde* de
l'arc.

Vous comprenez fort bien, mes enfants, que,
si l'on a un cercle entier tracé à l'avance, et
qu'on marque deux points A B sur la circonférence, la partie A B, si elle était détachée, formerait un *arc ;* mais il n'y a pas besoin de la
détacher, et nous dirons encore que la partie
de circonférence située entre les deux points

marqués **A** et **B** est un *arc de cercle*, sans nous occuper si le reste du contour est tracé ou ne l'est pas. De même, la ligne A B qui traverse l'intérieur du cercle, et qui joint le point A au point **B**, n'est pas moins la corde de l'arc A B, que le reste du cercle soit tracé ou non.

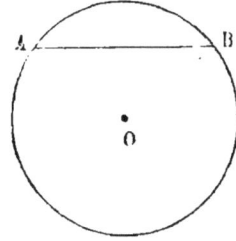

Voici un dessin formé par plusieurs cordes égales, tracées à l'intérieur d'un cercle, se touchant l'une l'autre par leurs extrémités, et divisant ainsi la circonférence en autant de petits arcs égaux.

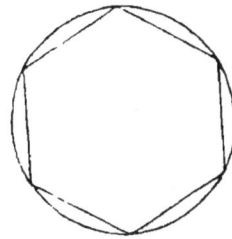

QUESTIONNAIRE.

Comment peut-on tracer un cercle exact sur le sol? Ce procédé peut-il être employé sur le papier?

De quel instrument se sert-on de préférence?

Quelle est la forme du compas?

Où est le centre du cercle tracé au compas?

A quoi est égale la longueur du rayon de ce cercle?

Comment se nomme une partie de circonférence?

Comment se nomme la ligne droite qui joint les extrémités d'un arc de cercle?

Si on marque deux points sur une circonférence entière-ment tracée, la partie de circonférence située entre ces deux points doit-elle encore se nommer un arc?

Peut-on marquer ainsi sur une circonférence plusieurs points divisant cette circonférence en plusieurs arcs de cercle?

Si l'on joint par une ligne droite deux points ainsi marqués sur la circonférence, ces lignes doivent-elles encore être appelées cordes?

Tracez un dessin en joignant par des cordes des points marqués sur une circonférence donnée, à égale distance les uns des autres. Montrez les cordes, les arcs, les angles formés par les cordes?

***

XIX. Tracé des arcs, diamètres, rayons.

Il n'est pas besoin de vous indiquer comment vous pouvez tracer un *arc*, puisqu'un arc n'est autre chose qu'une partie d'un cercle qu'on n'achève pas, ou dont on marque les extré-mités sur un cercle déjà tracé. Pour tracer une corde dans un cercle, il suffit de tirer une ligne droite qui coupe le cercle, en allant d'un des points marqués à l'autre.

Tracer le diamètre d'un cercle n'est pas plus difficile, quand le centre est indiqué: il suffit de tirer une ligne qui traverse le cercle en passant par le centre.

Cela fait, mes enfants, remarquez que chacune des moitiés de notre circonférence est un *arc* de cercle. Le diamètre, qui joint les deux extrémités de ces arcs, est donc une corde : c'est même la plus grande corde qu'on puisse tracer dans un cercle. Toutes les autres cordes que vous tracerez dans un cercle seront plus petites que le diamètre, puisque la longueur du diamètre est la distance des deux points opposés, les plus éloignés possible l'un de l'autre. Si vous voulez tracer un rayon dans un cercle, marquez un point sur la circonférence, et menez-y une ligne partant du centre. Ce rayon aura juste la longueur de la moitié du diamètre. Vous pourrez en tracer autant que vous voudrez, vous savez déjà qu'ils seront tous égaux.

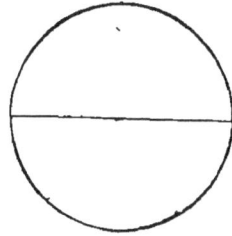

Un dessin formé par plusieurs rayons tracés à égale distance les uns des autres dans un cercle vous figurera la forme d'une roue.

QUESTIONNAIRE.

Qu'est-ce qu'un diamètre? un rayon?
Un diamètre est-il une corde? Est-il la plus grande?
Tracez un diamètre dans un cercle donné?

Tracez plusieurs rayons formant la figure d'une roue, par des points marqués à égale distance sur une circonférence.

PRINCIPES DE LA MESURE DES SURFACES.

I. Les carrés.

Vous n'avez pas certes oublié, mes enfants, ce que c'est qu'une surface. Si vous tracez sur le papier un carré, les lignes tracées forment le contour du carré, et l'espace renfermé entre ces lignes, la partie de l'étendue du papier que ces lignes entourent, est ce que nous appelons la *surface* du carré. De même si nous avons tracé un triangle, l'espace renfermé entre les trois côtés du triangle est la surface de ce triangle. Si nous traçons un cercle, l'espace renfermé en dedans de la circonférence est la surface du cercle; et il en est ainsi pour toutes les figures formées par des lignes droites ou courbes, renfermant complétement un certain espace. Votre coup d'œil vous fait déjà juger à peu près si la surface d'un objet ou d'une figure tracée sur le papier a plus ou moins d'étendue. Prenez par exemple une feuille de papier; plus cette feuille sera longue plus sa surface sera étendue, et plus elle sera large, plus cette surface sera grande aussi. Vous voyez tout d'abord qu'un ruban de papier très-étroit n'a pas une grande surface, même s'il est très-long; au contraire une feuille de papier grande en longueur et en largeur a une grande surface. L'*étendue* d'une *surface* dépend donc à la fois de sa *longueur* et de sa *largeur*. Vous savez qu'on peut tracer de très-petits carrés, qui auront une très-petite surface; si nous voulons au contraire, nous pouvons tracer sur le sol de très-vastes carrés, grands comme des champs, et renfermant une très-grande étendue, une très-grande surface de terrain. Il n'y a qu'à jeter un coup d'œil sur les deux carrés que voici, pour comprendre tout de suite, et savoir à tout jamais que la grandeur, l'éten-

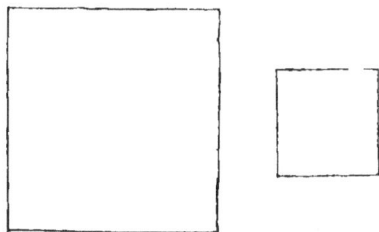

due, la *surface* d'un carré *est d'autant plus grande que les côtés sont plus longs;* que la sur-face d'un carré est d'autant plus petite que les

côtés sont plus courts. De sorte que deux carrés comme ceux-ci, qui ont les côtés absolument égaux l'un à l'autre, ont aussi leur sur-

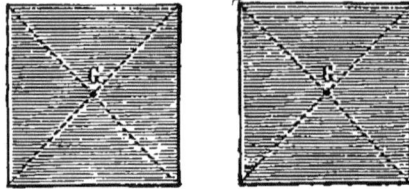

face parfaitement égale : s'ils étaient découpés,
ils s'appliqueraient exactement l'un sur l'autre.

Voici maintenant un carré dont chacun des
côtés a juste un *centimètre* de longueur; nous pouvons donc dire :
ceci est un carré d'un centimètre
de côté; ou bien pour abréger :
voici un *centimètre carré;* la surface de ce petit
carré est la surface d'un centimètre carré.

Si nous traçons sur une feuille de papier un
carré dont le côté ait juste un décimètre de
longueur, nous dirons de même : voici un carré
d'un décimètre de côté; ou pour abréger: voici
un décimètre carré, cette surface est la surface
d'un décimètre carré.

Et si nous traçons sur le plancher ou sur le

terrain un grand carré qui ait juste un mètre de
côté (c'est-à-dire dont chaque côté ait la longueur
d'un mètre), nous dirons toujours de même :
voici un mètre carré ; l'étendue renfermée entre
ces lignes est la surface d'*un mètre carré*.

Quelles sont les deux dimensions d'une surface ?

De quoi dépend l'étendue d'une surface ?

Désignez un objet dont la surface ait peu d'étendue, quoique cette surface soit très-longue ?

Montrez une surface d'une très-petite étendue ?

Citez une surface d'une grande étendue.

II. Comparaison des surfaces.

Reprenons nos petits carrés, plus commodes à manier et à examiner que de grandes surfaces marquées sur le terrain.

Supposons donc que, d'un même coup de ci-
seaux, vous ayez coupé dans une feuille de papier plusieurs fois repliée, des carrés d'un centimètre de côté : chacun de ces carrés égaux
aura un centimètre carré. Nous allons maintenant les disposer sur la table pour former diverses figures. D'abord, nous en poserons deux

l'un près de l'autre de manière qu'ils se joignent bien exactement par un de leurs côtés.

L'ensemble de ces deux petits carrés, vus
d'un coup d'œil, figure un rectangle : c'est ce
que nous pouvons voir aussi sur ce dessin. La
surface de ce rectangle est for-
mée par les surfaces réunies de
nos deux carrés; nous pouvons
donc dire : la surface de ce rectangle est de deux centimètres carrés; ou en
core : ce rectangle a deux centimètres carrés
de surface.

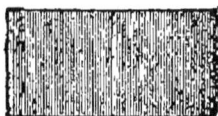

A la suite de ces deux petits carrés, nous
pouvons en joindre un autre, de la même manière; l'ensemble de ces trois carrés formera
un rectangle plus grand
et plus allongé, comme
celui que vous voyez fi-
guré ici : la surface de ce
rectangle est de trois centimètres carrés.

Nous pouvons de même ranger à la suite les
uns des autres, 4, 5, 6, 10 petits carrés semblables, et même davantage si nous voulons :
nous formerons des rectangles de plus en plus
allongés, dont la surface sera formée de 4 ou 5
ou 6 ou 10 centimètres carrés. Voici un rectan-

gle ainsi formé, qui a juste 10 centimètres carrés de surface, comme vous pouvez le voir
vous-même, en comptant les petits carrés. Ce n'est pas tout. Au
lieu de ranger des carrés sur une
seule ligne, nous pouvons en
disposer sur deux ou trois lignes
ou davantage. Ainsi tout d'a-
bord, en disposant 4 petits carrés
sur deux rangs, comme vous le
montre ce dessin, vous formerez
une figure qui est
encore un carré :
en effet, chacun
des côtés est for-
mé de deux côtés
des petits carrés.
Chacun des côtés du grand carré
a donc deux centimètres de longueur. Vous voyez en même temps
qu'il a 4 centimètres carrés de
surface.

Formons maintenant, toujours
en les faisant joindre exactement,
trois rangées de 5 petits carrés chacune. La
figure que nous formons ainsi est un rectangle et

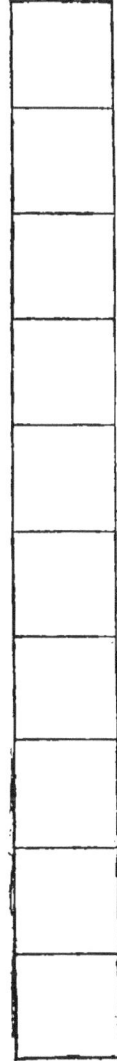

non plus un carré, puisqu'elle a deux grands
côtés et deux petits : les 2 grands, formés chacun de 5 côtés des petits carrés, c'est-à-dire de
5 centimètres; et les deux petits, formés chacun de 3 côtés, ou 3 centimètres seulement.
Si nous voulons savoir combien la surface de
ce rectangle contient de *centimètres carrés*, nous
raisonnons ainsi : Voilà un rang de 5 centimètres, puis un second, puis un troisième; en

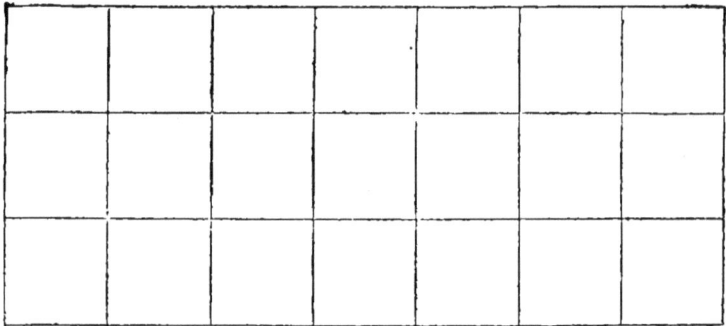

tout, trois rangs de 5 centimètres chacun; c'est
à-dire 15 centimètres carrés.

Ainsi, pour connaître combien il y a de centimètres carrés dans une certaine surface divisée comme celle-ci, il faut d'abord compter
combien il y a de carrés dans chaque rang, puis
combien il y a de ces rangs égaux; puis chercher le produit de ces deux nombres. C'est donc
une multiplication qu'il faut faire. Le nombre

qui exprime combien il y a de centimètres carrés dans chaque groupe ou rang, est le multiplicande; le nombre qui exprime combien il y a de rangs est le multiplicateur; le produit exprimera combien il y a de centimètres carrés dans la surface donnée.

Vous comprenez fort bien que l'on pourrait compter de même des décimètres carrés, ou des mètres carrés tracés sur le terrain, et formant, par leur ensemble, de grands rectangles ou de grands carrés.

QUESTIONNAIRE.

Que faut-il pour que deux carrés aient leur surface égale?

Comment nommerons-nous un carré dont le côté a un centimètre de longueur? un décimètre? un mètre?

Quelle est la surface d'un rectangle formé en disposant l'un près de l'autre quatre centimètres carrés? cinq centimètres carrés? dix centimètres carrés?

Quelle est la figure que nous formerions avec **trois rangs** de quatre centimètres carrés chacun?

Pourquoi est-ce un rectangle et non pas un carré? Quelle est la longueur des grands côtés? celle des petits? Quelle est la surface de ce rectangle?

Si nous disposons de même trois rangs de trois centimètres carrés chacun, quelle figure aurons-nous formée? Pourquoi sera-ce un carré?

Quelle est la largeur du côté de ce carré? Quelle est sa surface?

Quelle est la surface d'un rectangle formé par **sept rangs** de cinq centimètres carrés chacun? par deux rangs de neuf centimètres? six rangs de huit? dix rangs de huit?

Comment faut-il calculer la surface en centimètres carrés quand on connait le nombre de rangs et le nombre de centimètres carrés que contient chacun?

Lequel de ces nombres est le multiplicande?— Pourquoi?

Lequel est le multiplicateur? — Pourquoi?

Qu'exprimera le produit de ces deux nombres?

Pourrait-on mesurer de même de grands rectangles ou carrés formés par le groupement de décimètres carrés ou de mètres carrés?

Combien y a-t-il de mètres carrés dans un rectangle formé par trois rangs de six mètres carrés chacun?

Quelle est la surface d'un rectangle formé de cinq rangs de sept mètres carrés chacun?

III. Mesure de la surface d'un carré ou d'un rectangle.

Voici maintenant, mes enfants, un rectangle dont la surface n'est pas divisée par petits carrés; seulement le long des deux côtés de ce rectangle qui se joignent, sont tracées de petites marques divisant ces deux côtés en centimètres; vous voyez que le grand côté dans le sens de la largeur a 7 centimètres.

Remarquez, mes enfants, que ces marques suffisent pour que vous puissiez vous-mêmes diviser la surface en carrés. Vous n'avez pour cela qu'à tracer, par chaque marque du grand côté, une ligne droite parallèle au petit côté, ce qui divisera votre rectangle en 7 bandes. Cela fait, vous tracez par chaque marque du petit côté une ligne parallèle au grand ; ces lignes croisent les premières, et divisent cha-

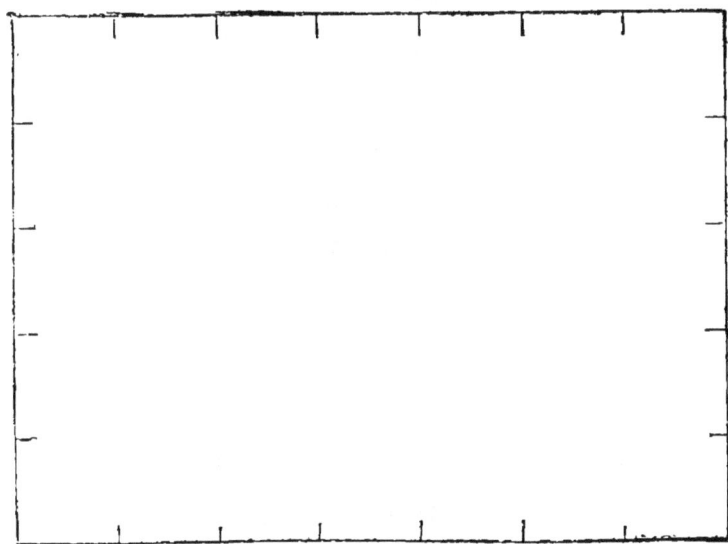

que bande en cinq petits carrés. Vous pouvez le faire, pour mieux vous en rendre compte ; mais vous allez voir que nous pouvons d'avance calculer le nombre de carrés que vous formeriez ainsi. Puisqu'il y a 7 divisions dans un sens, nous aurons 7 bandes ; et puisqu'il y a 5 divisions dans l'autre sens, chaque bande sera divisée en 5 petits carrés ; c'est donc en tout 7 fois 5 ou 35 carrés, que nous formerons si nous traçons les lignes. Ainsi, sans les tracer, nous pouvons déjà dire : la surface de ce rectangle contient 35 centimètres carrés, ou encore : ce rectangle a 35 centimètres carrés de surface; de même que nous pouvons dire en parlant d'une ligne quand nous l'avons mesurée : cette ligne a 8 centimètres de longueur, sans avoir marqué sur la ligne elle-même chacun des centimètres.

Donc, quand on veut mesurer la surface d'un carré ou d'un rectangle, c'est-à-dire savoir combien elle contient de fois un carré pris pour mesure, il suffit de savoir combien chacun des deux côtés qui se joignent contient de fois le côté du carré qui sert de mesure. L'un des nombres exprimera combien on ferait de bandes, si on traçait les lignes parallèles, après avoir marqué, sur l'un des côtés, des divisions égales au côté du carré qui sert de mesure. L'autre nombre exprimera combien il faudrait de carrés dans chaque bande; en multipliant l'un de ces nombres par l'autre, le produit exprimera le nombre de carrés égaux, qu'on peut tracer dans la surface donnée, c'est-à-dire **la mesure de l'étendue de cette surface**[1].

1. Faire de nombreux exercices.

Si au lieu d'un carré ou d'un rectangle tracé sur le papier, et dont les côtés ont seulement quelques centimètres, nous avions un grand carré tracé sur le plancher ou sur le terrain, ou un grand rectangle dont chaque côté aurait plusieurs décimètres, ou même plusieurs mètres de longueur, nous raisonnerions absolument de la même manière pour savoir combien de décimètres carrés ou de mètres carrés pourraient être tracés dans cette étendue, et nous dirions de même : Voici une surface qui a 3 décimètres dans le sens de la longueur, et 6 décimètres dans le sens de la largeur ; nous pourrions donc y tracer trois bandes, qui contiendraient 6 décimètres carrés chacune ; c'est donc 3 fois 6 décimètres carrés ou 18 décimètres carrés que contient cette surface. De même nous dirions : ce petit jardin a 6 mètres de côté ; dans l'autre sens il a également 6 mètres car il est carré. Je pourrais donc y tracer 6 bandes qui contiendraient chacune 6 mètres carrés ; donc je formerais 6 fois 6, ou 36 carrés d'un mètre de côté ; mon jardinet a 36 mètres carrés de surface.

Les surfaces grandes ou petites, qui n'ont pas la forme de carrés ou de rectangles peuvent être mesurées aussi; mais c'est plus difficile. Nous vous apprendrons plus tard comment il faut s'y prendre.

Si on a un rectangle ou un carré tracé d'avance, et qu'on marque des centimètres (de longueur) sur deux côtés qui se joignent, comment divise-t-on cette surface en centimètres carrés?

Peut-on calculer à l'avance le nombre de centimètres carrés qu'on formera?

Combien y a-t-il de centimètres carrés dans la surface d'un rectangle dont un côté a six centimètres, l'autre côté sept centimètres?

Quelle est la surface d'un rectangle dont le grand côté a 8 centimètres et le petit quatre?

Quelle est la surface d'un carré dont l'un des côtés a cinq centimètres?

Que faut-il faire pour mesurer la surface d'un rectangle ou d'un carré?

Y a-t-il également des moyens pour mesurer les surfaces qui n'ont pas la forme de rectangles ou de carrés? Est-ce plus difficile?

LES SOLIDES.

I. Le prisme.

Vous savez, mes enfants, qu'en géométrie on appelle *solide*, non pas seulement une chose qui est stable et résistante, mais tout ce qui a une épaisseur : par conséquent, tous les objets. Nous avons déjà étudié la forme de quelques solides : vous connaissez la *sphère*, le *cylindre* et le *cône*. Nous y reviendrons, mes enfants; car il y a tant de choses intéressantes à dire de la sphère! Pour le moment, laissons-les de côté, en nous rappelant seulement que leur surface, ou tout au moins une partie de leur surface, est courbe. Mais il y a beaucoup de solides qui n'ont aucune partie courbe, dont toutes les faces sont *planes*. C'est de ceux-ci que nous allons nous occuper.

Prenons d'abord une de ces petites règles de bois qui servent à régler le papier pour écrire, et qu'on appelle des *carrelets;* examinons-la bien : c'est un solide, cela va sans dire. Ce solide a plusieurs faces; comptons-les, ces faces, et voyons quelle est leur forme. Il y a d'abord, dans le sens de la longueur, quatre faces qui forment le tour de notre règle.

Regardons l'une de ces quatre faces : elle est plane, et elle a la forme d'un rectangle très-allongé. Examinez les lignes qui forment le contour de ce rectangle : deux sont de longues lignes, parallèles dans le sens de la longueur de

la règle; deux sont très-courtes, aux deux extrémités, et sont aussi parallèles l'une à l'autre,
quoique ce ne soit pas si facile à en juger au
premier coup d'œil. Enfin les quatre angles
que forment ces quatre lignes sont *droits* comme
vous pouvez le vérifier. Cette face de notre
règle, est donc bien un *rectangle*. Et comme
les trois autres faces sont tout à fait semblables à celle-là, nous trouverons que le
pourtour de notre règle est formé de quatre
faces égales, ayant la forme de rectangles. En
même temps, nous nous rappelons que les lignes qui forment ces rectangles dans le sens
de la longueur sont toutes parallèles les unes
aux autres, de même que les petites lignes
des extrémités de chaque rectangle : toutes
ces lignes sont ce qu'on appelle les *arêtes* du
solide.

Ce n'est pas tout : aux deux extrémités de
notre règle nous avons deux petites surfaces;
vous voyez que leurs 4 côtés sont égaux, et
leurs angles droits : ce sont donc des carrés : et
voilà justement pourquoi cette espèce de règle
est appelée un *carrelet*. Vous vous rappelez les
deux surfaces en forme de cercle, qui termi-
nent les deux extrémités d'un cylindre, et qu'on

appelle les deux bases du cylindre; comme nos deux petites surfaces carrées sont disposées absolument de même aux deux extrémités de notre règle, nous les appellerons de même les deux *bases* de notre solide.

Nous allons maintenant donner un nom à cette espèce de solide. Un solide qui, comme notre règle, a dans le sens de la longueur des arêtes parallèles; dont, par conséquent, les faces sont des surfaces planes ayant leurs côtés parallèles; et qui est terminé à ses deux extrémités par deux bases égales, s'appelle un *prisme* : retenez bien ce mot.

QUESTIONNAIRE

Citez un solide terminé par une seule surface courbe.

Citez des solides ayant une surface courbe et des faces planes.

Y a-t-il aussi des solides terminés uuiquement par des surfaces planes?

Citez des solides dont toutes les surfaces soient planes.

Montrez les six faces planes d'un cube, d'un carrelet.

Montrez les quatre faces planes qui forment le pourtour d'un carrelet.

Quelle est la forme de chacune de ces quatre faces?

Montrez les côtés parallèles de ce rectangle.

Montrez leurs angles droits.

Montrez les arêtes de ce solide ; ses deux bases.

Comment nomme-t-on les solides qui ont deux bases

planes semblables, dont le contour est formé de lignes droites, et les arêtes allant d'une base à l'autre, toutes parallèles les unes aux autres?

II. Le prisme (suite).

Remarquez maintenant, mes enfants, qu'il n'est pas nécessaire, pour qu'un solide soit un *prisme*, que les deux bases soient carrées : il suffit qu'elles soient égales. Voici, par exemple, un dessin qui vous représente un prisme dont les bases sont deux triangles; le pourtour de ce prisme n'a que trois faces planes, tandis

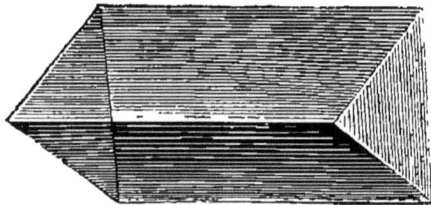

que notre règle en a quatre; mais peu importe; les arêtes sont parallèles, les bases égales, c'est tout ce qu'il faut. On peut de même former des prismes dont les bases aient 5, 6, 10 côtés ou davantage si l'on veut; le pourtour du prisme aura 5, 6, 10 faces, ou plus; il en aura toujours autant que la base aura de côtés. Mais peu importe encore. Du moment que les deux bases sont égales, et les arêtes suivant la longueur parallèles entre elles, le solide est un prisme.

Enfin, mes enfants, remarquez encore que les arêtes qui vont d'une base à l'autre, peuvent être longues ou courtes; elles peuvent être même plus courtes que les côtés des bases, le solide n'en est pas moins un prisme; comme un pion de damier n'est pas moins un cylindre, quoique ses deux bases soient larges et sa surface courbe étroite. Ainsi, vous reconnaîtrez qu'une boîte comme celle qui est dessinée page 213 est un prisme, vous saurez montrer les deux bases, les faces du contour et les arêtes. Vous reconnaîtrez de même, autour de vous, beaucoup d'objets ayant la forme de prismes.

Le cube est un prisme dont les bases sont carrées et les faces du pourtour carrées aussi; en sorte que les six surfaces sont parfaitement égales. Vous pouvez prendre pour les deux bases les deux faces opposées que vous voudrez, puisqu'elles sont toutes égales; les quatre autres seront les faces du pourtour.

Lorsqu'un prisme est fait de telle sorte qu'il a six faces en tout, y compris les deux bases, et que ces six faces sont ou des carrés ou des rectangles, c'est-à-dire qu'elles ont tous leurs *angles droits*, nous appelons ce prisme ainsi construit un *prisme rectangle*. Notre carrelet, notre boîte, notre cube sont, comme vous voyez, des *prismes rectangles*.

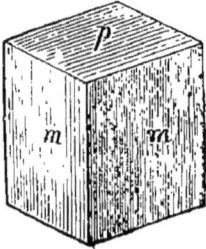

En réfléchissant bien, vous trouverez, mes enfants, qu'un prisme, surtout un prisme qui a son pourtour formé par un assez grand nombre de faces, ressemble en quelque chose à un *cylindre*. Comme le cylindre, le prisme a deux bases

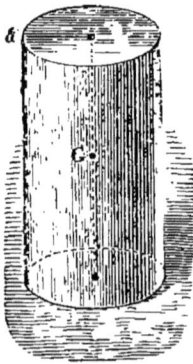

Cylindre.

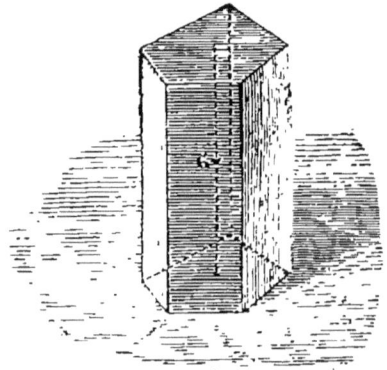

Prisme.

égales, seulement ses bases sont terminées par plusieurs lignes droites, tandis que celles du cylindre sont terminées par une seule ligne courbe. Le prisme a son pourtour formé de plusieurs surfaces planes, au lieu que le cylindre a le sien formé d'une seule surface courbe. Malgré ces différences, votre coup d'œil vous dit qu'il y a entre ces deux solides, le prisme et le cylindre, un certain degré de ressemblance.

Montrez des objets ou parties d'objets ayant la forme de prismes. Montrez leurs deux bases égales, leurs arêtes parallèles, les faces planes de leur pourtour.

Y a-t-il des prismes dont les bases n'aient que trois côtés?

Comment nomme-t-on ces prismes?

Combien leur pourtour a-t-il de faces?

Peut-on former des prismes dont les bases aient cinq, dix, vingt côtés? De combien de faces seront formés les pourtours de ces prismes?

Les arêtes qui joignent les deux bases d'un prisme peuvent-elles être indifféramment longues ou courtes?

Un cube est-il aussi un prisme?

Lesquelles des six faces du cube sont les bases?

Comment nomme-t-on les prismes dont toutes les faces sont des carrés ou des rectangles, et dont, par conséquent, tous les angles sont droits?

Citez des objets ayant la forme de prismes rectangles.

Montrez sur un de ces objets les bases, les faces du pourtour.

Quelle est la forme de chacune de ces surfaces?

Y a t-il quelque ressemblance de forme entre un prisme et un cylindre?

Quelles sont les différences?

III. La pyramide.

Voici maintenant une autre forme de *solide*. Celui-ci n'a qu'une base; à l'extrémité opposée il se termine en pointe. Les faces de son *pourtour* n'ont pas leurs côtés parallèles. Ce ne sont pas des surfaces à 4 côtés, des *rectangles* par exemple : ce sont des *triangles*. La base, peut être **un** triangle, ou un carré, ou une surface terminée par autant de côtés que vous voudrez. Autant il y aura de côtés à la base, autant le pourtour aura de *faces* en forme de triangle. Un solide ainsi formé est ce qu'on appelle une *pyramide*; voilà un mot grec que vous connaissez déjà sans doute.

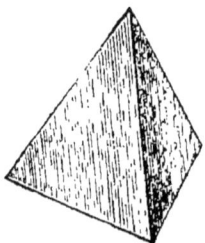

En voyant ici l'un près de l'autre, le dessin d'une pyramide et celui d'un cône, votre coup-d'œil vous dira qu'il y a une certaine ressemblance entre ces deux formes, surtout quand le contour de la pyramide est formé d'un grand nombre de faces. En effet, la pyramide comme le cône, n'a qu'une seule base, et se termine en pointe. Seulement, sa base est une surface terminée par des lignes droites, au lieu d'être terminée par un cercle; son pourtour est formé de plusieurs faces *planes* au lieu d'être formé d'une seule surface courbe. Malgré ces diffé-

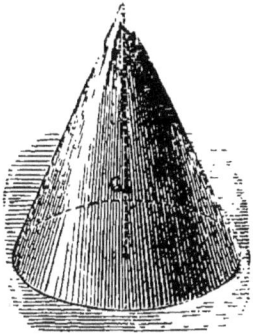

Cône.

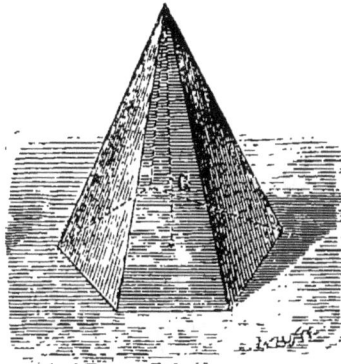

Pyramide.

rences nous pouvons dire que la pyramide ressemble au cône, comme le prisme ressemble au cylindre.

QUESTIONNAIRE

Décrivez la forme d'ensemble de la pyramide. Combien a-t-elle de bases?

Comment est formé son pourtour?

Comment se termine la pyramide du côté opposé à sa base?

Quelle forme ont les faces du pourtour de la pyramide?

La base d'une pyramide peut-elle être un carré?

Combien le contour d'une pyramide a-t-il de faces quand la base a neuf côtés? Trois côtés? Quinze côtés?

Une pyramide ressemble-t-elle en quelque chose à un cône?

IV. Idée de la comparaison des volumes.

Quand vous voyez un objet, vous jugez, par comparaison, si cet objet est grand ou petit; et si vous voyez deux objets l'un près de l'autre, vous savez distinguer lequel des deux est le plus grand, ou si tous deux sont à peu près d'égale grandeur.

Plus un objet est grand, plus il tient de place, plus il *occupe* d'espace, comme vous le savez fort bien. L'espace plus ou moins grand que tient un objet, est ce qu'on appelle le *volume* de cet objet. Ainsi, un grain de sable est une chose d'un très-petit *volume*, parce qu'il occupe très-peu d'espace ; une vaste maison est une chose d'un grand volume. Une feuille de papier qui a une large surface, a pourtant peu de volume, car elle a peu d'épaisseur et tient peu d'espace. Un fil mince, même très-long, a peu de volume, parce qu'il a à la fois peu de largeur et peu d'épaisseur. Cela nous prouve, mes enfants, que le volume d'un objet, l'espace plus ou moins grand qu'il occupe, dépend en même temps de sa longueur, de sa largeur et de son épaisseur. C'est ce qu'on ex-

prime en disant que *le volume d'un objet dépend
à la fois de ses trois dimensions.*

QUESTIONNAIRE

Qu'appelle-t-on le volume d'un objet?

Citez des objets d'un grand volume; d'un petit volume.

Une feuille de papier qui a une grande surface a-t-elle beaucoup de volume?

Un fil fin qui a une grande longueur a-t-il beaucoup de volume?

De quoi dépend le volume d'un solide?

V. Le volume d'un cube.

Prenons deux de nos cubes : un plus petit et un plus grand[1]. Nous savons tout d'abord qu'ils

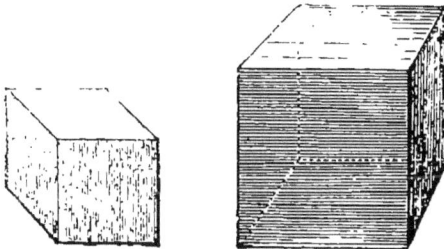

ont absolument la même forme. Ce qui les rend différents, c'est leur volume. Chacun de nos cubes a 12 *arêtes :* vous pouvez facilement les

---

1. On trouve à la librairie Hachette, de petits cubes à 30 centimes la douzaine.

compter ; et ces 12 arêtes sont toutes égales
entre elles : vous pouvez les mesurer. Seulement
les 12 arêtes du grand cube sont plus grandes
que les 12 arêtes du petit.

Des deux cubes, celui qui a les arêtes les
plus longues est celui qui a le plus de volume.
Plus les arêtes sont longues, plus le cube est
grand ; plus les arêtes sont courtes, plus le cube
est petit.

Maintenant, prenons deux cubes égaux. En

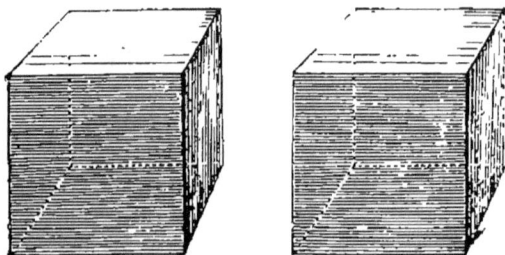

les posant l'un près de l'autre, nous pouvons
nous assurer que l'une des arêtes d'un des cubes s'applique juste sur l'une des arêtes de
l'autre cube : ces deux lignes sont donc égales.
Et comme toutes les arêtes de chaque cube
sont égales aux deux arêtes que nous avons
comparées, toutes les arêtes sont égales. Les
carrés qu'elles forment, et qui sont les faces
des cubes, sont tous égaux ; les deux solides ont
à la fois la même forme et le même volume.

Vous le voyez donc, mes enfants, lorsqu‿ deux cubes ont une arête égale, ils sont entièrement égaux. Et si l'un, au contraire a une arête plus grande ou plus petite, celui-là a aussi un volume plus grand ou plus petit. Cela nous prouve que le volume d'un cube dépend seulement de la longueur de ses arêtes. Or quand on veut connaître la longueur des arêtes d'un cube, on n'a jamais besoin d'en mesurer qu'une seule, puisqu'elles sont toutes égales. Prenons donc un petit cube dont l'arête ait juste un centimètre ; et comme nous avons appelé centimètre carré le carré dont le côté a un centimètre, nous appellerons le cube dont l'arête a un centimètre, *un centimètre cube.*

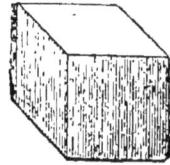

Chacune des faces du centimètre cube est en même temps un centimètre carré.

Si nous avons un cube dont l'arête ait juste un *décimètre*, nous l'appellerons un *décimètre cube* : chacune de ses faces sera un décimètre carré. Enfin, imaginez un grand cube dont l'arête ait un mètre de longueur : nous l'appellerons un *mètre cube ;* chacune de ses faces est un mètre carré.

QUESTIONNAIRE

Que faut-il pour que deux cubes soient égaux?

Comment peut-on prouver que deux cubes dont les arêtes sont égales ont aussi leurs faces égales et sont égaux?

Ces deux cubes ont-ils le même volume?

Quand deux cubes sont inégaux, lequel a le plus grand volume?

Comment donc se mesure le volume d'un cube?

Puisque le volume d'un solide dépend de ses trois dimensions, pourquoi dites-vous que le volume d'un cube peut se mesurer par la longeur d'une de ses arêtes?

Comment nommerons-nous un cube dont l'arête a juste un centimètre?

Quelle est la surface de chacune des six faces de ce cube?

Comment nommerons-nous un cube dont l'arête a juste un décimètre? Comment nommerons-nous chacune des faces de ce cube?

Comment nommerons-nous un cube dont l'arête a juste un mètre?

Quel nom donnerons-nous à chacune des faces de ce grand cube?

––––––––

VI. Mesure des volumes. Prises rectangles.

Mais revenons à des choses de dimensions plus commodes. Il nous faut tout d'abord un certain nombre de petits cubes égaux, ayant tous leurs arêtes longues d'un centimètre juste. Ce sera donc des centimètres cubes que nous aurons là. Vous savez déjà, mes enfants, qu'en posant ces petits cubes les uns sur les autres, nous pouvons faire une foule de petites constructions très-intéressantes : des portiques, des ponts, des murailles, que sais-je ! Nous allons nous en servir pour construire des solides de différentes formes.

Prenons d'abord deux de ces petits cubes, et posons-les sur la table, en les appliquant bien juste l'un contre l'autre par une de leurs faces. Avec un peu de gomme nous pourrions même les coller l'un à l'autre. L'ensemble de ces deux cubes forme une *prisme rectangle*. Les bases de ce prisme sont les deux faces opposées des deux petits cubes, c'est dire qu'elles ont chacune un centimètre carré. Les faces du pourtour de ce prisme sont des rectangles, formés chacun par la réunion de deux faces des petits cubes, c'est-à-dire que chaque face a deux centimètres carrés. Les arêtes de ce prisme dans le sens de la longueur, étant faites de deux arêtes d'un centimètre chacune, ont donc deux centimètres de longueur. Ce prisme qui a la même base qu'un des petits cubes, mais qui

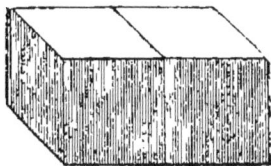

a une longueur double, est formé de deux centimètres cubes ; il a juste deux fois plus de
volume qu'un centimètre cube, ou comme on
dit pour abréger : il a deux centimètres cubes
de volume.

Ajustons de même un troisième cube au bout
de ces deux là : nous aurons formé encore un
prisme rectangle, mais plus allongé ; il aura
trois fois autant de longueur qu'un des cubes,

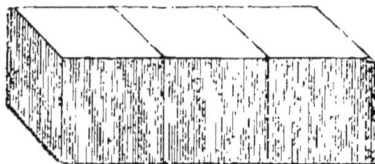

et en même temps, puisqu'il est formé de trois
centimètres cubes réunis, nous dirons : ce
prisme a trois centimètres cubes de volume.

Nous pouvons de la même manière, former une rangée de 4, 5, 6, 10 cubes, ou
davantage : nous formerons ainsi un solide
ayant la forme d'un prisme de plus en plus
allongé, et ayant 4, 5, 6, 10 centimètres cubes de volume, ou plus si nous voulons. Remarquez, mes enfants, qu'à mesure qu'on
ajoute un cube, la longueur du prisme augmente d'un centimètre, et son volume d'un

centimètre cube : autant de centimètres de longueur, autant de centimètres cubes de volume. En réfléchissant, vous comprendrez très-bien que si, au lieu d'être formé de petits cubes collés ensemble, notre prisme était fait

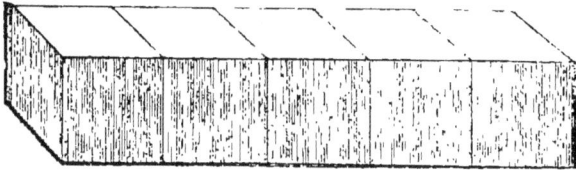

d'une seule pièce, et que les centimètres fussent marqués seulement par un petit trait, le volume serait le même; et en comptant les centimètres de longueur, nous saurions combien notre prisme contient de centimètres cubes.

QUESTIONNAIRE

Si nous ajoutons l'un à l'autre deux cubes égaux, de manière qu'une face de l'un s'applique juste sur la face de l'autre, quel solide formerons-nous?

Si les cubes joints ensemble sont des centimètres cubes, quel est le volume du prisme rectangle ainsi formé?

Quelle est la surface des deux bases de ce prisme? Quelle est la surface des 4 faces de son pourtour?

Si on joint de la même manière 3 centimètres cubes, quel est le solide formé par leur réunion? En quoi diffère-t-il de celui qui est formé par la réunion de deux seulement? Quelle est la surface de la base de ce prisme? Des faces de son pourtour?

Quel est le volume de ce prisme ?

Quel est le volume d'un rang de cinq cubes semblables ? de 7 ? de 10 ? de 100 ?

Supposons un prisme d'une seule pièce, dont les bases sont d'un centimètre carré chacune, et dont la longueur est divisée en 6 centimètres par de petits traits ; est-il égal en volume à celui qu'on formerait en rangeant six centimètres cubes ?

Quel est le volume d'un prisme d'une seule pièce dont les bases sont d'un centimètre carré chacune, et qui a cinq centimètres de largeur ? Huit centimètres ? Dix centimètres ? Vingt centimètres ?

VII. Mesure des volumes (suite).

Supposons que nous ayons fait une petite rangée de 5 centimètres cubes ; nous en faisons une seconde semblable, et nous les plaçons

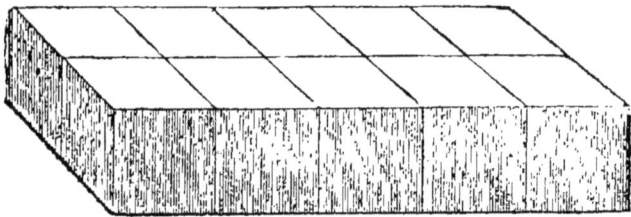

toutes deux côte à côte, de manière qu'elles s'appliquent juste dans leur longueur. L'ensemble de ces deux rangées forme encore un prisme. Et puisque ce prisme contient deux rangées de 5 centimètres cubes chacune, il est formé en tout de 10 centimètres cubes : il a dix centimètres cubes de volume.

A côté de ces deux rangées, je puis en disposer une troisième toute semblable : je formerai ainsi un prisme qui contiendra trois rangées de 5 centimètres cubes ; en tout trois fois 5 centimètres cubes, c'est-à-dire 15 centimètres cubes. Au lieu de trois rangées, rien ne nous empêche d'en mettre 4, 5, 10 semblables ; et si nous voulons savoir combien il y

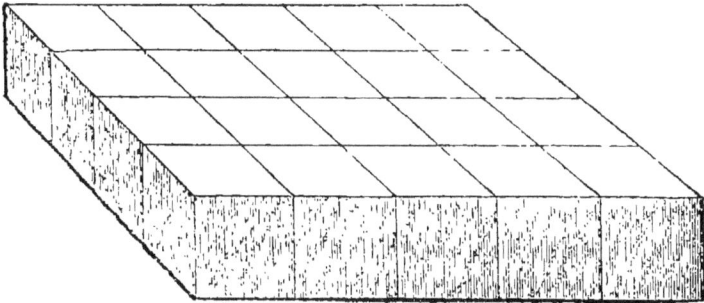

aura de centimètres cubes en totalité, nous raisonnerons toujours de la même manière. En faisant une multiplication nous dirons : il y a 5 centimètres dans chaque rangée ou groupe ; 5 est le multiplicande ; il y a, par exemple, 4 rangées, 4 est le multiplicateur, puisqu'il exprime le nombre de groupes à réunir. Le produit 20 exprimera le nombre total de centimètres cubes.

Ce n'est pas tout : en posant ainsi l'un près de

l'autre sur la table plusieurs rangées égales de
petits cubes, nous en avons formé une couche,
c'est comme la première assise d'un petit édifice que nous voudrions élever.

Nous avons employé 20 centimètres cubes
pour faire cette assise. En mettant d'autres
cubes sur ceux-là, nous pouvons faire une seconde couche toute pareille à la première, et
posée dessus. Cette seconde couche contiendra

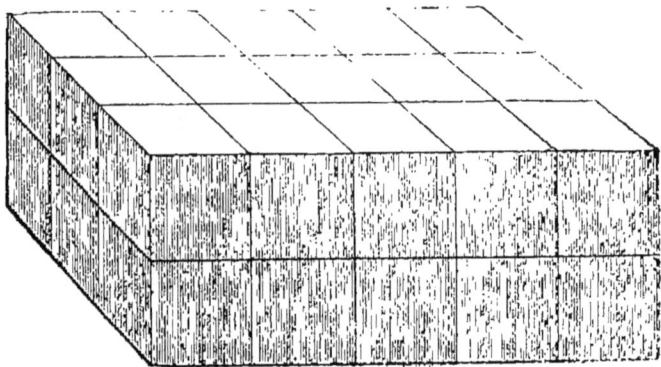

20 cubes comme la première. Si nous voulons
savoir combien il y a de cubes en totalité, nous
dirons : chacune de ces deux couches contient
20 cubes, c'est donc 40 cubes qu'il y a en tout.

Vous pourriez de même, au-dessus de cette
seconde couche, en bâtir une troisième, une quatrième, toutes semblables ; rien ne vous empêche
d'en mettre 5, 6, 10, et même plus. L'ensemble de tous ces petits cubes formera toujours

un prisme rectangle, qui sera d'autant plus grand que vous aurez employé plus de cubes à le former. Et si vous voulez savoir combien il y a de centimètres cubes dans ce prisme, vous raisonnez ainsi : il y a par exemple 4 couches de 20 cubes chacune ; c'est une multiplication à faire ;

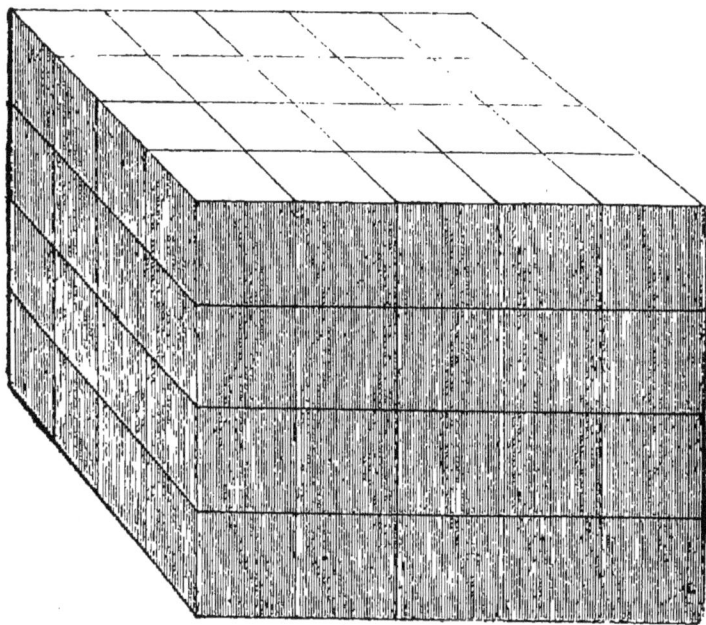

20 exprimant le nombre de centimètres cubes qu'il y a dans chaque couche est le multiplicande ; 4, qui exprime combien il y a de couches, est le multiplicateur ; le produit de 4 fois 20, c'est-à-dire 80, exprime combien il y a de cubes en tout. Ce prisme contient 80 centimètres cubes, il a 80 centimètres cubes de volume.

Donc, quand vous avez construit un prisme en réunissant des centimètres cubes, voilà ce que vous faites pour connaître le nombre total. Vous commencez par compter combien il y a de centimètres cubes dans une des rangées dans le sens de la longueur. Puis vous regardez combien il y a de rangées semblables disposées en largeur. Vous multipliez ces deux premiers nombres l'un par l'autre, et vous trouvez le nombre de centimètres cubes qu'il y a dans une des couches. Cela fait, vous comptez combien il y a de couches semblables dans le sens de l'épaisseur, et vous multipliez le nombre de centimètres cubes de chaque couche, par le nombre de couches : le produit de cette seconde multiplication exprime combien le volume du prisme contient de centimètres cubes.

QUESTIONNAIRE

Si nous ajustons l'un près de l'autre deux rangs de trois centimètres cubes chacun, quel sera le solide ainsi formé[1] ?

Quel est le volume de ce prisme ?

Si nous formons un prisme à l'aide de trois rangs de 4 centimètres cubes, quel sera son volume ? Avec trois rangs

1. Faites réaliser ces constructions.

de 10 centimètres cubes? Cinq rangs de 5 centimètres cubes? Quatre rangs de 3 centimètres cubes?

Comment faut-il faire pour connaître le volume d'un prisme construit avec plusieurs rangs de centimètres cubes?

Si, après avoir formé une couche de plusieurs rangs de centimètres cubes, nous en formons une toute semblable au-dessus, le solide, ainsi augmenté, formé sera-t-il encore un prisme rectangle?

Si nous formons un prisme de deux couches de trois rangs de quatre centimètres cubes, quel sera le volume du prisme ainsi formé?

Quel est le volume d'un prisme formé de trois couches de quatre rangs de cinq centimètres cubes? De trois couches de trois rangs de trois centimètres cubes? Quelle est la forme de ce dernier prisme?

Comment faisons-nous pour connaître combien il y a de centimètres cubes dans des prismes ainsi construits?

———

VIII. Mesure des volumes (suite).

Supposons maintenant, mes enfants, qu'au lieu d'un prisme formé par la réunion de plusieurs petits cubes, nous ayons un prisme semblable, mais d'un seul bloc. Comme nous disons après avoir mesuré une ligne qu'elle a 4 ou 10 ou 20 centimètres de longueur, même sans marquer les divisions; comme nous disons d'une certaine étendue qu'elle a 5 ou 15 centimètres carrés de surface, même sans tracer les petits carrés que vous savez; de même nous pouvons dire qu'un prisme a 20 ou 40, ou 80 centimètres cubes de volume, quoiqu'il soit formé d'un seul bloc, et que les petits cubes ne soient pas découpés dans sa masse. Nous pouvons même calculer au juste combien ce prisme a de centimètres cubes de volume, combien on en formerait si on le découpait; cela n'est pas difficile, comme vous allez le voir. Prenons donc notre prisme, et posons-le sur la table en face de nous.

Marquons d'abord sur l'une des arêtes, dans le sens de la hauteur, des divisions d'un centimètre chacune; supposons que nous en formions 4, parce que cette arête AB du prisme, a 4 centimètres de longueur. Puisqu'il y a 4 longueurs d'un centimètre, il faudrait donc pour former cette hauteur, mettre l'une sur l'autre 4 couches de cubes d'un centimètre de côté. Si on sciait notre prisme par tranches d'épaisseur bien égale, par chacune des divisions marquées, nous aurions 4 tranches semblables.

Maintenant, marquons sur une autre arête joignant celle-ci, sur l'arête AD, qui pose sur la table dans le sens de la largeur, des divi-

sions d'un centimètre de longueur. Je suppose que nous en trouvions 3. Cela nous
prouve que pour former chaque tranche semblable à celle de notre prisme, il faudrait, en
largeur, 3 rangées de centimètres cubes ; ou,
ce qui revient au même : que si nous pre-

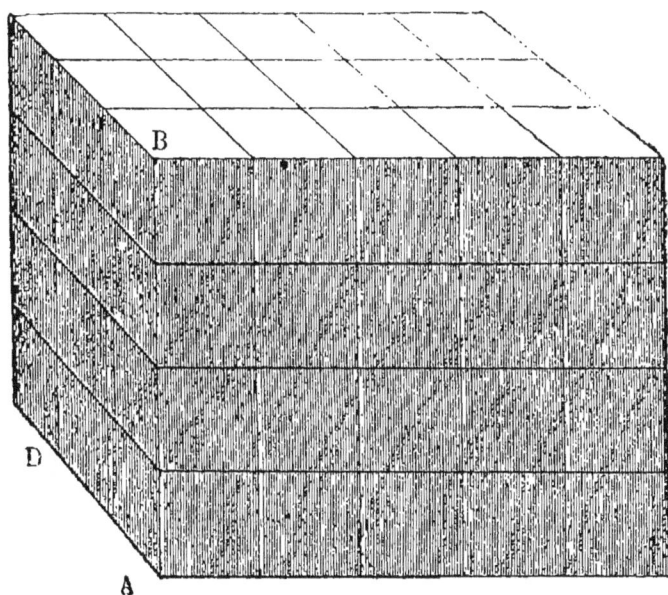

B

D

A

nions une des tranches de notre prisme, pour
la scier en largeur, à partir de chaque division, par petites réglettes bien égales et bien
droites, nous formerions ainsi 3 réglettes.
Comme toutes nos tranches sont égales, chaque
tranche de notre prisme se trouve formée de
3 réglettes semblables. Ce n'est pas tout. Le

long d'une autre arête, l'arête A C qui se réunit au point A avec les deux premières, marquons, dans le sens de la longueur, des divisions d'un centimètre. Je suppose que nous
en formions cinq. Qu'est-ce que cela prouve?
Que, si nous formons une rangée de 5 cubes
d'un centimètre, cette rangée a juste la même
longueur que notre prisme, qu'elle est égale
à l'une des réglettes dont nous parlions tout
à l'heure. Si nous prenions une de ces réglettes pour la scier bien droit à chaque division marquée, nous formerions 5 petits cubes d'un centimètre. Donc chaque réglette d'une
des tranches de notre cube a 5 centimètres
cubes de volume.

Cela étant, nous allons raisonner, comme
nous l'avons fait pour le prisme que nous
avons fabriqué en réunissant des cubes d'un
centimètre de côté. Nous dirons : notre prisme
pourrait être divisé en 4 tranches d'un centimètre d'épaisseur, chaque tranche en 3 réglettes d'un centimètre de largeur; donc cela
fait 12 réglettes; et comme ces reglettes pourraient être divisées en 5 centimètres cubes chacune, notre prisme se trouverait ainsi divisé en
5 fois 12 centimètres cubes. Cinq fois 12 font 60;

ce prisme a donc 60 centimètres cubes de volume.

En raisonnant de même avec d'autres nombres, vous verrez que ce calcul revient toujours à multiplier successivement l'un par l'autre le nombre de divisions égales à un centimètre, que l'on pourrait tracer sur 3 arrêtes AB, AC, AD, se joignant au même point, et dont l'une est dirigée dans le sens de la hauteur, la seconde dans le sens de la largeur, la troisième dans le sens de la longueur. Le produit indique combien il y a en totalité de centimètres cubes dans le prisme.

C'est le centimètre cube qui nous a servi d'unité pour mesurer tous ces prismes; mais au lieu de ces petits cubes, nous pourrions en prendre de plus grands, des décimètres cubes, par exemple. En les groupant absolument de même, nous formerions des rangées, des couches, des prismes de différentes grandeurs, mais plus grands que ceux que nous formons avec nos centimètres cubes. Nous calculerions de la même manière combien les prismes ainsi formés contiennent de décimètres cubes, et nous dirions par exemple : tel prisme est formé de 30 ou de 40 décimètres cubes.

Enfin, mes enfants, vous comprenez qu'on pourrait grouper de même ces cubes qui vous paraissent énormes, et dont les arêtes ont un mètre de longueur. On formerait avec ces mètres cubes de très-grands prismes, absolument comme nous en avons formé de petits avec nos centimètres cubes; et si on voulait savoir de combien de mètres cubes ils sont formés, on calculerait encore de la même manière, par couches et par rangées; seulement, on prendrait le mètre cube pour mesure, et l'on dirait : ce grand prisme a **20,** ou 50, ou 100 mètres cubes de volume.

QUESTIONNAIRE

Si nous avons un prisme semblable à celui que nous formerions à l'aide de centimètres cubes convenablement disposés, mais que ce prisme soit d'un seul bloc, pouvons-nous cependant dire que son volume est, par exemple, de trente ou quarante centimètres cubes?

Si on a un prisme dont l'épaisseur soit de trois centimètres, ne peut-on pas le couper en trois tranches ou couches d'un centimètre d'épaisseur?

Et si chaque tranche ainsi formée a quatre centimètres de largeur, ne pourrions-nous pas la couper en trois réglettes d'un centimètre de large, semblable à nos rangées de centimètres cubes?

Enfin, si chaque réglette a six centimètres de largeur, ne pourrions-nous pas dire que cette réglette représente un rang de 6 centimètres cubes?

Comment raisonnerons-nous pour connaître le volume total de ce prisme?

Comment raisonnerons-nous pour connaître le volume d'un prisme, quand nous savons combien il contient de tranches, combien chaque tranche contient de rangs, et combien chaque rang contient de centimètres cubes?

Quel est le volume d'un prisme rectangle qui a trois centimètres de longueur, deux de largeur et deux d'épaisseur?

Quel est le volume d'un cube dont l'arête est de deux centimètres? De trois centimètres? de quatre centimètres?

Pourrait-on construire de la même manière, avec des décimètres cubes et des mètres cubes, de grands prismes et en calculer de même le volume [1]?

LE DESSIN.

I. Le plan et l'élévation.

Vous n'avez pas oublié, sans doute, mes enfants, qu'un dessin représentant les choses comme si elles étaient vues d'en haut, se nomme un *plan;* et vous savez reconnaître sur un plan la position des objets qui y sont figurés, ordinairement en petit. Mais, comme vous l'avez déjà

---

1. Répétez quelques-uns des exercices ci-dessus, en changeant les centimètres en décimètres et en mètres. Variez les nombres, faites réaliser les constructions.

remarqué, un plan ne nous fait pas connaître
la forme entière des objets; il nous fait tout au
plus connaître la forme de leur surface supérieure. Ce n'est pas toujours assez; ainsi voilà

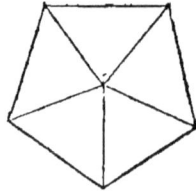

Plan d'une pyramide.

le plan d'une *pyramide*; eh bien, vous ne vous
faites pas une idée très nette de la forme de
cette pyramide. En réfléchissant, vous devinez
que sa base, dont vous apercevez le contour,

Élevation de la pyramide.

est formée de six côtés; mais rien ne vous dit
si cette pyramide est plus ou moins élevée.
Pour que vous en connaissiez bien la forme
nous vous la montrons représentée sur l'autre
dessin, comme vous la verriez si vous l'aviez
posée là, sur la table, en face de vous, droit

devant votre œil, ni trop haut, ni trop bas, et à une certaine distance.

Un dessin qui représente ainsi un objet, tel qu'on le voit quand on est placé en face, et à distance, s'appelle une *élévation*. Cette sorte de dessin vous fait connaître, non plus cette fois la surface supérieure, mais un des côtés de l'objet seulement, dans le sens de la hauteur. Ainsi voilà un dessin qui représente l'une des faces verticales de la petite boîte que vous

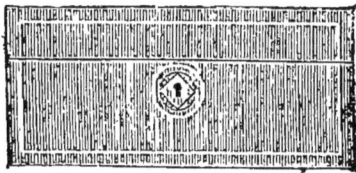

connaissez. Ce dessin est une élévation de la boîte; et en effet, vous savez que si vous vous posez juste en face de cette boîte, vous ne verrez ni le dessus ni les côtés, mais seulement la face qui sera tournée vers vous. Voici, page suivante, un dessin représentant la façade d'une maison, à peu près comme vous la verriez en vous plaçant à une certaine distance, et bien en face. Ce dessin est une *élévation* de la maison. Vous discernez parfaitement sur ce dessin les deux fenêtres, la porte, le perron, la porte de la cave au-dessous; vous voyez combien il y a d'étages; enfin ce dessin vous fait connaître parfaitement cette façade de la maison. Mais il ne vous fait rien connaître des trois autres façades, par la raison

fort simple que, quand on est placé d'un côté d'une chose, on ne voit pas ce qu'il y a de l'autre côté. Comme il n'y a pas moyen de voir une chose de tous les côtés à la fois, il n'y a pas non plus moyen de représenter toutes les faces de cette chose sur le même dessin. Si on veut les faire connaître toutes, il faut absolument les représenter à part, faire plusieurs dessins.

Ainsi, si vous voulez faire connaître l'aspect de toutes les façades d'une maison, il faut faire des dessins séparés; à moins, bien entendu, que plusieurs de ces façades ne soient pareilles, et alors il faut en avertir. Quand on fait le plan d'un objet, on ne dessine que la partie supérieure; quand on fait son *élévation*, on ne dessine qu'un des aspects de face de l'objet. Pour faire ces sortes de dessins, on doit se mettre dans une certaine position choisie exprès : pour faire le plan, droit au-dessus, pour faire *l'élévation*, droit en face, et à une certaine distance.

QUESTIONNAIRE

Rappelez ce qu'on nomme un plan.

Un plan suffit-il pour faire connaître toute la forme des objets?

Qu'est-ce qu'un plan nous fait principalement connaître?

Comment nomme-t-on un dessin qui représente un objet tel qu'on le voit en se plaçant juste en face à une certaine distance.

L'*élévation* ne représente donc que l'un des côtés d'un objet?

Que représente l'élévation d'un édifice?

Que faut-il faire si l'on veut montrer par le dessin tous les côtés d'un objet, toutes les façades d'un édifice?

II. La perspective.

Mais quand on regarde un objet, on n'est pas toujours placé droit au-dessus, ou droit en face. Prenez encore une boîte, et posez-la devant vous; si vous ne cherchez pas exprès votre position pour ne voir que le dessus ou la face de devant, c'est-à-dire si vous ne cherchez pas à vous placer dans la position convenable pour en faire le *plan* ou l'*élévation*, il arrivera que vous verrez à la fois plusieurs faces de cette boîte; vous apercevrez, par exemple, le devant, et en même temps un des côtés et le dessus. Seulement, vous ne les verrez pas tous de face; vous les verrez un peu de côté. Et de même de tous les autres objets, quand vous ne choisissez pas votre position pour les regarder. Ordinairement, vous voyez à la fois, par exemple, la surface supérieure et certaine partie des côtés; mais vous voyez tout cela un peu *de travers*. Eh bien, nous pouvons aussi figurer sur un dessin des objets vus de cette manière; cela se fait très-souvent. Regardez, par exemple, le

dessin de cette boîte; vous voyez à la fois la
partie supérieure, le devant, et un des côtés.

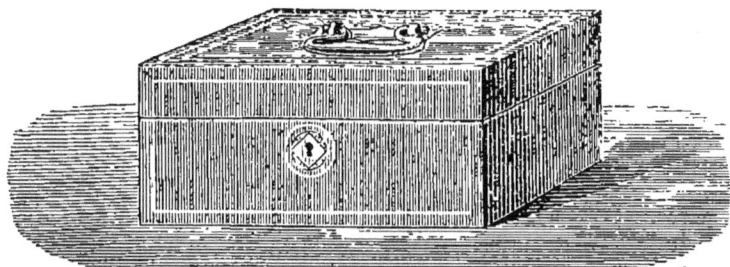

Mais en observant bien, vous vous apercevrez que vous ne les voyez pas comme si vous
vous placiez en face. Ainsi, vous savez que la
surface supérieure de la boîte est un *rectan-*

gle, comme ce *plan* vous le montre; et sur
l'autre dessin, cette surface supérieure vous
paraît avoir des angles aigus et des angles
obtus, de même que le petit côté. Cela vient,
comme vous le pensez, de ce que ces surfaces ne sont pas vues de face. Elles sont vues
de travers, justement parce qu'on n'a pas

cherché à se poser en face de l'une ou de
l'autre. Et on l'a fait ainsi, parce qu'on voulait faire voir à la fois plusieurs côtés de la
boîte; c'est pourquoi il a fallu se résigner à
dessiner cette boîte de côté. Malgré cela, ce
dessin vous fait très-bien juger la forme de
l'objet qu'il vous représente.

Quand on représente un objet tel qu'on le

voit lorsqu'on n'est placé ni droit en face, ni
juste au-dessus, la manière dont l'objet se présente au regard se nomme une *perspective*.
Ainsi le dessin qui montre trois faces de la

boîte représente la perspective de cette boîte, ou la boîte vue en *perspective*. De même cet autre dessin, représentant une maison, est la perspective de cette maison ou, ce qui revient au même, il représente la maison vue en perspective.

Presque tous les dessins qui représentent des paysages, des plantes, des animaux, les représentent vus en perspective.

QUESTIONNAIRE

Peut-on se placer devant un objet de manière à l'apercevoir de tous les côtés à la fois ?

Peut-on se placer, pour voir un objet, autrement que droit en face ou juste au-dessus ?

Ne voit-on pas, dans cette position, plusieurs faces de l'objet, mais obliquement ?

Comment nomme-t-on le dessin qui représente un objet vu obliquement ?

Les faces d'un objet ainsi dessiné ne paraissent-elles pas déformées sur le dessin ?

Peut-on néanmoins juger la forme d'un objet dessiné en perspective ?

Comment sont représentés, ordinairement, les paysages, les plantes, les animaux, les édifices ?

III. La coupe.

Quand vous avez examiné un objet en le re-
tournant sur tous les sens, de tous les côtés,
il vous vient parfois à l'idée de vouloir connaître comment cet objet est fait à l'intérieur;
vous êtes curieux de voir, comme vous dites,
« ce qu'il y a en dedans. »

Cette connaissance est nécessaire dans beaucoup de cas. Je vous présente, par exemple, un
abricot, vous voyez la forme arrondie de ce beau
fruit; mais ce n'est pas assez : je voudrais vous
faire voir comment, au-dessous de cette peau
veloutée, il y a une *chair* succulente, puis, au
centre, un noyau dur, contenant l'*amande* qui
doit germer si le fruit est déposé dans la
terre. Comment faire pour vous montrer tout
cela ?

Eh bien, je vais couper le fruit; je tâcherai
même d'ouvrir du même coup le noyau pour
découvrir l'amande; l'amande elle-même sera
coupée en deux, afin que vous voyiez la matière
blanche qui la forme, et le petit germe qu'elle
renferme. Je vous montrerai le fruit ainsi coupé
par le milieu : alors vous verrez parfaitement la

disposition intérieure des parties du fruit. Il en serait de même pour tout autre objet dont on voudrait vous faire connaître l'intérieur. Mais si je ne puis couper ainsi l'objet lui-même, devant vous, ne pourrais-je pas faire un dessin qui le représentât coupé? Pourquoi non, mes enfants? C'est une chose très-simple. Voici, par exemple, un dessin qui représente une pêche coupée pour faire voir l'intérieur ; vous recon-

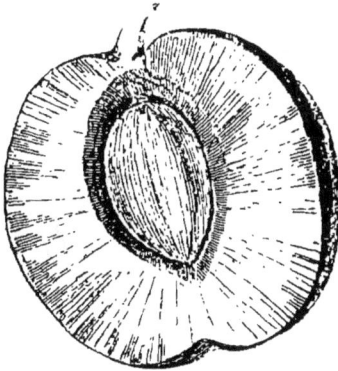

Coupe d'une pêche.

naissez bien l'épaisseur de la chair du fruit; puis vous voyez l'épaisseur de l'enveloppe dure du noyau, coupée aussi, et entourant l'amande qui occupe le centre. Seulement, toutes ces choses ne se voient que par la tranche, c'est-à-dire suivant leur épaisseur tranchée.

Un dessin représentant un objet que l'on

suppose coupé pour en montrer l'intérieur, se nomme tout naturellement une *coupe*. Ainsi le dessin précédent est la coupe d'une pêche.

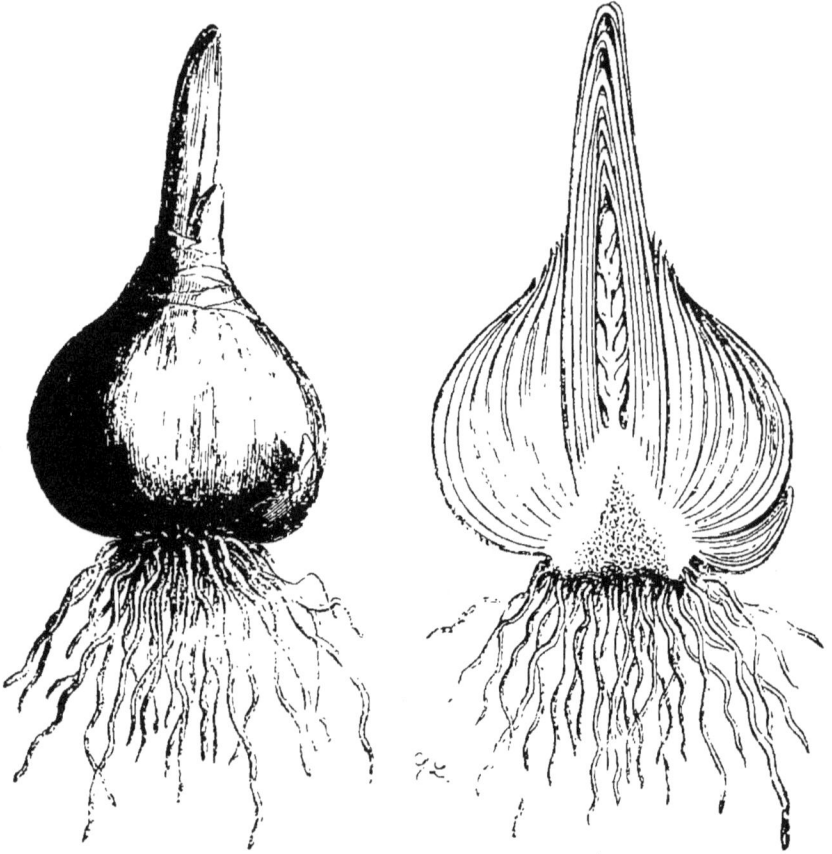

Bulbe de jacinthe.

Coupe du bulbe.

Voici, à gauche, un dessin qui représente le *bulbe*, ou, comme on dit, l'oignon d'une jacinthe. Vous voyez le bulbe avec sa racine, et sa petite pousse qui commence à se développer.

Mais si je veux vous expliquer comment, dans l'intérieur de ce *bulbe*, existe déjà la petite tige de la plante naissante, avec ses feuilles et même avec ses fleurs à demi formées, pour vous faire mieux comprendre mon explication, je vous représente, dans un autre dessin, la *coupe* du bulbe de jacinthe; et alors vous apercevez les petites feuilles naissantes, toutes repliées les unes sur les autres, et les boutons qui, à mesure que la tige s'allongera, sortiront du bulbe, grossiront, et s'épanouiront.

Remarquez bien, mes chers enfants, que pour pouvoir faire le dessin *en coupe* d'un objet, il n'est pas nécessaire de le couper réellement; il suffit de connaître l'intérieur de cet objet, et de le dessiner comme on le verrait s'il était coupé en effet.

Ainsi, voyez le dessin de la page suivante : c'est la *coupe* d'un four à cuire la chaux. Nous vous avons décrit, l'année dernière, le four à chaux. Afin que vous compreniez mieux quelle forme a la cavité du four, comment on y entasse la pierre calcaire, comment on ménage au-dessous un espace vide pour y allumer du feu, le dessinateur a représenté ce fourneau coupé dans le sens de sa hauteur, comme si on en avait démoli la moitié pour en faire voir l'intérieur. Vous pensez bien qu'on n'a pas coupé le four pour le dessiner; sachant

Coupe d'un four à chaux.

comment il était construit, on l'a représenté ici tel qu'on le verrait si on le coupait réellement.

QUESTIONNAIRE.

Comment peut-on faire connaître ce qu'il y a dans l'intérieur d'un objet?

Peut-on représenter, par un dessin, l'objet ainsi coupé pour en faire voir l'intérieur?

Comment nomme-t-on cette sorte de dessin?

Est-il nécessaire que l'objet soit réellement coupé pour qu'on puisse en représenter la coupe par le dessin?

SYSTÈME MÉTRIQUE.

RAPPORTS DES DIVERSES UNITÉS DE MESURE.

I. L'unité de mesure.

N'avez-vous pas remarqué, mes enfants, qu'on se sert, pour mesurer chaque sorte de chose, d'une *mesure* particulière appropriée à sa nature? Ainsi la longueur des lignes se mesure avec le *mètre*, qui est une longueur; la contenance, ou comme on dit encore la capacité des vases, se mesure à l'aide d'un litre, qui est un vase d'une certaine capacité. Le poids des objets se mesure à l'aide du gramme, qui est lui-même un petit objet pesant un certain poids. Il en est toujours de même, comme vous le verrez : *on mesure chaque chose en la comparant avec une chose semblable.*

La chose à laquelle on compare celle qu'on veut mesurer, s'appelle *l'unité de mesure.*

Ainsi : le mètre est l'*unité de mesure* de la longueur des lignes ; le *litre* est l'*unité de mesure* de la capacité des vases et des quantités qu'ils contiennent; le *gramme* est l'*unité de mesure* du poids des objets ; le *franc* l'*unité de mesure* de leur valeur.

Nous allons bientôt vous apprendre comment une seule de ces unités de mesure, le *mètre*, a servi à former toutes les autres ; et vous comprendrez alors pourquoi l'ensemble de toutes nos mesures légales se nomme *système métrique*.

QUESTIONNAIRE.

Qu'entendez-vous en disant qu'on mesure chaque chose en la comparant avec une chose de même nature? — Citez des exemples.

Comment nomme-t-on cette chose qui sert de mesure?

Quelle est l'unité de mesure des longueurs?

Quelle est l'unité de mesure des capacités?

Quelle est l'unité de mesure des poids?

Quelle est l'unité de mesure des valeurs?

Quelle est l'unité de mesure qui a servi à former toutes les autres?

Pourquoi l'ensemble de toutes nos mesures est-il appelé *Système métrique?*

II. La mesure des longueurs.

Vous n'avez pas oublié, mes enfants, comment on a formé tout d'abord des longueurs de 10, 100, 1000 et même 10000 mètres, auxquelles on a donné les noms que vous savez : *décamètre, hectomètre, kilomètre, myriamètre.* De même, vous vous rappelez comment, pour mesurer les petites longueurs, on a divisé le mètre en 10 parties qu'on a appelées décimètres, et chaque décimètre en 10 parties, qui sont des centimètres. Cette longueur d'un *centimètre*, que vous trouvez déjà bien petite, on l'a encore divisée en 10 parties que l'on nomme des *millimètres*, c'est-à-dire des millièmes de mètres, parce qu'il faut mille de ces petites longueurs pour former un mètre. En effet, puisqu'il y a 10 millimètres dans un centimètre, dans un mètre il y a 100 fois 10 millimètres, c'est-à-dire mille. Voyez à la page suivante un décimètre, dont chaque centimètre est divisé en 10 millimètres par de petits traits fort rapprochés les uns des autres.

Vous ne seriez pas dans l'embarras pour écrire un *nombre entier* de mètres. Si on vous exprime un nombre en myriamètres, kilomètres, hectomètres, etc., et qu'on vous demande de l'écrire en mètres, vous vous rappellerez que chaque myriamètre est une dizaine de mille, chaque kilomètre un mille, chaque hectomètre une centaine, chaque décamètre une dizaine, et vous écrirez le nombre comme un nombre ordinaire, en remplaçant par des zéros les ordres qui manquent. Puis, vous écrivez à la suite du nombre le mot : mètre, soit tout entier, soit en abrégé par un petit *m* placé en haut

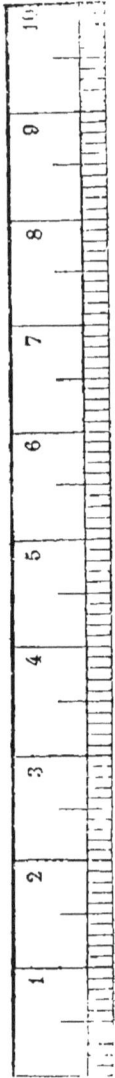

3622 mètres, ou 3622^m.

Mais s'il y a en outre des décimètres, des centimètres, des millimètres, que ferez-vous?

Réfléchissez, mes enfants. Ces quantités sont des fractions du mètre; ce sont des dixièmes, des centièmes, des *millièmes* : ce sont des fractions décimales. Or, quand on a des fractions décimales à exprimer, on écrit successivement, après la virgule qui suit l'ordre des unités, le chiffre des dixièmes, celui des centièmes, enfin celui des millièmes. Si donc nous avons à écrire un certain nombre de mètres, et en plus des décimètres, des centimètres et des millimètres, après avoir écrit les mètres entiers, nous mettons une virgule, puis au-dessus le petit ^{m} pour marquer que c'est de mètres qu'il s'agit. Cela fait, puisque les décimètres sont des dixièmes de mètre, nous les écrivons au rang des dixièmes, c'est-à-dire au premier rang après la virgule; s'il y a des centimètres, nous les écrivons au second rang, qui est le rang des centièmes; et s'il y a des millimètres, au troisième rang qui est celui des millièmes :

$$36^m,2 \qquad 17^m,18 \qquad 3^m,124.$$

Nous n'oublierons pas de remplacer par des zéros les décimales qui manqueraient; et s'il n'y avait pas de mètres entiers à exprimer, nous en marquerions la place par un zéro au rang des unités, avant la virgule :

$$3^m,02 \quad 1^m,005 \quad 0^m,3 \quad 0^m,02 \quad 0^m,004.$$

QUESTIONNAIRE ET EXERCICES.

Rappelez la signification de ces mots : décamètre, hectomètre, kilomètre, myriamètre.

Rappelez les divisions du mètre.

Le centimètre a-t-il aussi été divisé en dix parties?

Comment se nomme chacune de ces parties?

Combien faut-il de millimètres pour faire la longueur d'un centimètre? D'un décimètre? D'un mètre?

Combien y a-t-il de millimètres dans 6 centimètres, 3 centimètres, 8 centimètres?

Combien faut-il de millimètres pour faire 2 décimètres, 4 décimètres, 8 décimètres, 4 mètres, 7 mètres, 12 mètres?

Combien y a-t-il de centimètres dans :

1 m. 2 déc.	2 déc. 2 cent.
2 m. 3 déc.	3 déc. 7 cent.
4 m. 6 déc.	1 m. 2 cent.
3 m. 8 déc. 9 cent.	7 m. 3 cent.

Ecrire en mètres les longueurs suivantes :

3 myriam.	2 kilom.	5 hectom.	6 décam.	3 mètres.
3 —	7 —	8 —	5 —	4 —
	3 —	5 —	5 —
2 —	» —	» —	3 —	» —
	7 —	» —	» —	6 —
3 —	» —	» —	2 —	» —

Écrire en mètres, et parties décimales du mètre, les nombres suivants :

3 décam. 2 mèt. 2 décim. 3 cent. 5 millim.
2 kilom. 5 décam. 3 décim. 3 cent.
2 myriam. 3 décam. 2 cent. 3 millim.
5 hectom. 3 mètre. 5 décim. 2 millim.

1 décam. 1 décim.
3 hectom. 3 centim.
4 kilom. 2 mèt. 3 décim. 5 millim.
7 myriam. 2 millim.

Ecrivez en nombres décimaux les longueurs suivantes :

3 décimètres 4 centimètres.
2 décimètres 3 millimètres.
5 centimètres 2 millimètres.
1 centimètre.
5 millimètres.

III. Les mesures de surface.

La géométrie vous a appris, mes enfants, que l'on donne le nom de mètre carré à un carré dont chaque côté a un mètre de longueur ; qu'on appelle décimètre carré, un carré qui a un décimètre de côté ; de même qu'on nomme centimètre carré, un carré dont le côté a un centimètre.

Ces surfaces : mètre carré, décimètre carré, centimètre carré, servent à mesurer toutes les autres surfaces, et vous savez déjà comment.

Nous avons un décimètre carré ; nous voulons savoir combien il y a de centimètres carrés dans cette surface. Nous nous y prenons comme pour mesurer un rectangle en centimètres carrés. Nous divisons d'abord l'un des côtés en centimètres ; et puisque chaque côté du décimètre carré est un décimètre, il y aura donc 10 centimètres marqués sur ce côté en longueur. Nous prenons maintenant l'autre côté en largeur, et nous marquons les centimètres ; il y en aura 10 encore. Alors nous raisonnons comme nous avons fait pour mesurer les carrés et les rectangles : puisque nous pouvons former 10 bandes contenant 10 centimètres carrés chacune, la surface de notre décimètre carré contient donc 10 fois 10, c'est-à-dire 100 centimètres carrés. En d'autres termes, il faut 100 *centimètres carrés* pour faire un *décimètre carré.*

QUESTIONNAIRE ET EXERCICES.

Rappelez le nom qu'on donne à la surface d'un carré qui a un mètre de côté ? Un décimètre ? Un centimètre ?

Quel nom donneriez-vous de même à un petit carré dont le côté serait d'un millimètre ?

Comment ferons-nous pour savoir combien un décimètre carré contient de centimètres carrés ?

Combien formerons-nous de bandes d'un centimètre de largeur ? Combien chaque bande contiendra-t-elle de centimètres carrés ?

Quelle opération faut-il faire pour savoir combien il y a de centimètres carrés dans cette surface ?

Quel sera le multiplicande ? quel sera le multiplicateur ?

Combien un décimètre carré contient-il de centimètres carrés ?

Combien faut-il de décimètres carrés pour former un mètre carré ?

IV. L'are.

Imaginons que nous avons tracé sur le terrain, dans une prairie, un grand carré dont chaque côté a juste 10 *mètres* de longueur. Si nous voulons mesurer la surface de ce carré, nous trouverons que cette surface contient 10 bandes de 10 mètres carrés chacune, ce qui fait 100 mètres carrés. Cette étendue de surface est ce qu'on appelle un *are* : c'est la mesure qui sert à *évaluer* la surface des champs.

Vous voyez, mes enfants, comment le mètre a servi à former l'are.

Vous n'avez certainement pas oublié que le mot *hecto* signifie cent. Si donc nous avons une étendue qui ait une surface égale à cent de ces grands carrés que nous appelons **ares**, nous pourrons dire à notre choix : cette étendue de terrain contient *cent ares* ou un *hectare*.

Il y a de vastes champs, de grandes prairies qui contiennent 10, 20, 50, et même 100 hectares et plus.

Puisque, pour faire la surface d'un are il faut cent mètres carrés, un mètre carré est la centième partie d'un *are*, et nous pouvons dire un *centiare* au lieu de 1 mètre carré. Mais on ne se sert des mots *are*, *hectare* et *centiare*, que pour la mesure de surface des terrains.

Comment nomme-t-on la surface d'un carré dont chaque côté a dix mètres?

Comment raisonnez-vous pour prouver que l'are contient 100 mètres carrés?

A quoi sert l'are?

Comment nomme-t-on l'étendue de surface qui contient 100 ares?

Comment nomme-t-on la centième partie d'un are?

Puisqu'il y a 100 mètres carrés dans un are, un centiare et un mètre carré sont donc la même chose?

Nous avons acheté ensemble un champ de vignes de 3 hectares 14 ares : écrivez ce nombre en ares.

Nous avons planté un verger dont l'étendue est de 2 hectares 12 ares : écrivez ce nombre en ares.

Notre jardin contient 24 centiares; combien y a-t-il de mètres carrés dans sa surface?

Nous avons fait un parterre en forme de rectangle; il a 5 mètres de longueur et 6 mètres de largeur : écrivez sa contenance?

Nous avons un champ carré dont le côté a 50 mètres de longueur : quelle est la contenance de ce petit champ?

Je veux acheter un champ carré dont chaque côté a 50 mètres de longueur : quelle est sa contenance?

Le jardin de l'école a la forme d'un rectangle; il a 12 mètres de largeur et 22 mètres de longueur : quelle est sa contenance en ares et en centiares?

Quelle est l'unité de mesure qui a servi à former l'are?

V. Mesure des volumes.

Prenons maintenant un cube dont chaque arête ait juste un décimètre de longueur : c'est un décimètre cube. Nous voulons savoir combien ce décimètre cube contient de centimètres cubes. Vous vous rappelez, mes enfants, comment nous avons mesuré le volume d'un *prisme rectangle* en centimètres cubes. Nous procéderons exactement de la même manière.

Nous dirons : puisque l'une des arêtes, dans le sens de l'épaisseur, contient 10 centimètres, nous pouvons diviser l'épaisseur de notre cube en 10 tranches d'un centimètre d'épaisseur. Puisque le cube a aussi 10 centimètres de largeur, chaque tranche pourra être divisée en 10 réglettes de 1 centimètre de largeur; et chaque réglette pourra être divisée en 10 centimètres cubes, puisque les réglettes ont 10 centimètres dans le sens de la longueur. Le cube contient 10 tranches de 10 réglettes chacune; en tout 100 réglettes; chaque réglette contient 10 centimètres cubes, les 100 réglettes contiennent donc en tout 1000 centimètres cubes.

Ainsi, pour former le volume d'un décimètre cube, il faut 1000 centimètres cubes. Nous pouvons dire encore : Un décimètre cube vaut 1000 centimètres cubes.

Imaginez-vous maintenant ce grand cube dont chaque arête a un mètre : le *mètre cube*.

Combien ce mètre cube contient-il de décimètres cubes ?

Nous pourrions recommencer le même raisonnement. Mais rappelons-nous simplement ce que nous avons dit pour mesurer les prismes : nous n'avons qu'à former le produit du nombre de décimètres donné par chacune des trois arêtes, l'une dans le sens de la hauteur, l'autre dans le sens de la largeur, la troisième enfin dans le sens de la longueur. Et comme chacune de ces arrêtes contient 10 décimètres, nous disons : 10×10 font 100; 100×10 font 1000 : le *mètre cube contient 1000 décimètres cubes;* ou : pour former un mètre cube il faut 1000 décimètres cubes.

QUESTIONNAIRE.

Dans un décimètre cube, combien pouvons-nous former de tranches de 1 centimètre d'épaisseur ?

Combien pouvons-nous dans chacune de ces tranches, détacher de réglettes ayant un centimètre de largeur ?

Combien chacune de ces réglettes contient-elle de centimètres cubes ?

Que faut-il faire pour connaître combien il faut de centimètres cubes pour former le volume de 1 décimètre cube?

Combien un décimètre cube contient-il de centimètres cubes?

Trouvez par le même raisonnement combien il y a de décimètres cubes dans un mètre cube?

VI. Le stère.

Vous le savez, mes enfants, le bois que nous brûlons pour nous chauffer, et pour cuire nos aliments, ne se vend pas toujours *au poids;* souvent au lieu de le peser, on le *mesure.*

Supposons que nous ayons entassé un grand nombre de bûches avec ordre, et l'une sur l'autre; cette quantité de bois entassé, prise dans son ensemble, forme un certain volume. Si nous voulons connaître les dimensions de ce volume, il faudra mesurer l'ensemble, le monceau, cette sorte de solide formé par la réunion des bûches, comme ces prismes que nous formons en réunissant des centimètres cubes.

Supposons donc que nous prenions des bûches ayant juste 1 mètre de longueur, et que nous les entassions les unes sur les autres, en donnant à cet entassement de bûches un mètre de largeur, et un mètre de hauteur. Ce monceau de bois qui aura juste un mètre en longueur, en largeur et en hauteur sera un cube, et son volume sera juste celui d'un mètre cube.

Un mètre cube de bois de chauffage s'appelle *un stère*. Mais remarquez, mes enfants, qu'on ne donne le nom de stère au mètre cube, que quand il s'agit de bois de chauffage.

Vous comprenez fort bien que quand on a formé ainsi un stère de bois, on peut en former un semblable à côté, un troisième, un quatrième, autant que l'on en voudra; et c'est ainsi que l'on dispose le bois pour le vendre et l'acheter. Pour mesurer plus facilement un stère de bois, c'est-à-dire pour construire plus vite un tas de bois d'un mètre cube, on a une sorte de cadre ou bâti représenté page suivante, en petit, bien entendu. Ce bâti est formé de deux pièces de bois verticales, qu'on appelle *montants*, et qui sont à un mètre juste l'une de l'autre. De cette manière le monceau de bois que l'on construira entre les deux montants aura nécessairement un mètre de largeur. De plus, ces montants ont juste un mètre de hauteur. On pose de l'un à l'autre une longue règle de bois que l'on nomme *la traverse.* Lorsque le bois est élevé jusqu'à la hauteur des montants, de telle sorte que les bûches touchent partout à la traverse, on est

Cadre, bâti ou membrure du stère.

sûr qu'il y a juste un mètre de hauteur ou (d'épaisseur). Si les bûches elles-mêmes ont un mètre de longueur, le tas ainsi construit est bien un stère, c'est-à-dire un mètre cube, puisqu'il a un mètre en longueur, en largeur et en épaisseur. Vous voyez, mes enfants, comment le mètre a servi à former le *stère*, puisque le stère n'est autre chose qu'un mètre cube.

QUESTIONNAIRE.

Comment appelle-t-on le mètre cube quand il sert à mesurer le bois de chauffage?

Quelle est donc l'unité de mesure pour le bois de chauffage?

Comment mesure-t-on un stère de bois?

Comment est construit le cadre ou bâti qui sert à élever plus facilement le tas d'un mètre cube?

Quelle est la hauteur des deux montants?

A quelle distance sont-ils l'un de l'autre?

A quoi sert la traverse que l'on pose de l'un à l'autre?

Quelle unité de mesure a servi à former le stère?

VII. Le litre.

Prenons un décimètre cube creux, en fer-blanc. Si nous versons un liquide, de l'eau par exemple, dans cette sorte de vase, de manière à le remplir complétement, cette quantité de liquide sera juste ce que nous appelons un *litre*. Un litre est donc la quantité de liquide que peut contenir un *décimètre cube;* ou mieux encore, un litre est la contenance, la capacité d'un *décimètre cube* (creux bien entendu). Mais un vase de cette forme serait incommode pour l'usage.

On donne donc une autre forme aux li-res qui servent à mesurer. Mais que fait la forme de ces vases? c'est la *contenance*, la capacité qui importe. Ainsi un litre en étain a, intérieurement, la forme d'un cylindre; mais il est fait de manière à contenir juste autant que le décimètre cube creux. On s'en sert de préférence, simplement parce qu'on le trouve plus commode.

Il n'est pas besoin de vous répéter ce que nous avons déjà dit l'année dernière, de ces grandes mesures qui servent surtout à mesurer les grains, et qu'on appelle décalitre et hectolitre. De même nous ne vous parlons du décilitre et du centilitre, que pour vous faire remarquer qu'on peut donner à ces mesures, grandes ou petites, la forme de *cylindres*, pourvu que leur contenance soit bien exactement un dixième de litre, un centième de litre. Le mètre a donc encore servi à former le litre, et par suite toutes les mesures de capacité qui en dérivent.

Quand vous avez à écrire un certain nombre de litres entiers, vous écrivez le nombre comme à l'ordinaire, puis vous écrivez en haut les trois lettres *lit.*, abrégé du mot litre. S'il y a en outre des décilitres et des centilitres, vous écrivez la virgule après le nombre des litres entiers; puis vous écrivez les décilitres au rang des dixièmes, les centilitres au rang des centièmes :

$$12^{lit},2 \qquad 3^{lit},45.$$

vous souvenant d'occuper par un zéro le rang

des unités qui manquent, c'est-à-dire des litres, s'il n'y en a pas; des dixièmes, s'il n'y a pas de décilitres, etc.

$$4^{lit},05 \qquad 0^{lit},3 \qquad 0^{lit},45 \qquad 0^{lit},05.$$

QUESTIONNAIRE ET EXERCICES.

Qu'est-ce qu'un litre?

Que faut-il faire pour construire une mesure d'un litre?

Les litres dont on se sert ordinairement ont-ils la forme cubique?

Quelle est leur forme? pourquoi leur donne-t-on cette forme?

Les litres de formes différentes ont-ils tous néanmoins la même capacité?

Rappelez la contenance de l'hectolitre, du décalitre, du décilitre et du centilitre.

Quelle est l'unité de mesure qui a servi à former le litre?

Quelle quantité de liquide peut contenir un réservoir qui a 2 déc. de hauteur, 5 déc. de largeur et 3 déc. de longueur?

Nous avons acheté au marché les quantités de grains suivantes :

1 hectol. 3 décal. 7 litres de blé.
3   —   2   —   »   —   d'orge.
2   —   »   —   ?   —   d'avoine.
7   —   »   —   »   —   de seigle.

Faites le total de ces quantités, et exprimez-le en litres.

Nous avons acheté les quantités de vin suivantes :

3 hectol. 7 litres de vin rouge.
2 hectol. 3 décal. 7 litres de vin blanc.
7 décal. de vin fin.

Écrivez ces nombres en litres et faites-en le total.

Écrivez ces nombres en fractions décimales du litre :

> 5 litres 1 décil. 5 cent. d'huile.
>
> 2 — 5 — d'alcool.
>
> 4 décil. 5 cent.
>
> 1 litre 7 centilitres.
>
> 3 décil. 5 centilitres.

VIII. Les mesures de poids. Le gramme

Nous avons pris un *décimètre cube* creux, que nous avons rempli de liquide : nous avons pris la contenance de cette sorte de vase pour *unité de mesure* des liquides, et de toutes les choses qu'on peut facilement verser dans des vases.

Nous allons de même prendre un centimètre cube creux, en fer-blanc si vous voulez : c'est-à-dire une sorte de petit vase en forme de cube, dont chaque arête aura *intérieurement* la longueur d'un centimètre : il sera donc juste de grandeur à pouvoir contenir un de nos centimètres cubes en bois.

Eh bien, prenons ce petit vase d'un centimètre cube de capacité; remplissons-le jusqu'au bord d'une eau bien pure; le poids de cette petite quantité d'eau est ce que l'on nomme *un gramme*. Le gramme est l'unité de mesure du poids des objets.

Plus tard nous vous expliquerons, mes enfants, combien on a pris de précautions pour peser exactement un centimètre cube d'eau pure. Ce poids une fois trouvé, on a fait de petits poids en cuivre de différentes formes, pesant juste autant que la quantité d'eau contenue dans le centimètre cube : chacun de ces petits poids est un gramme. De même on a fabriqué des poids, les uns en cuivre, les autres en fer, pesant juste 10 grammes, et qu'on appelle décagrammes, ainsi que vous le savez; puis des hectogrammes ou poids de 100 grammes, des kilogrammes ou poids de mille grammes. La matière n'y fait rien, la forme non plus : ce qui importe seulement, c'est que ces poids pèsent juste le nombre de grammes qu'on a marqué dessus.

Il est du reste, facile de comprendre comment on a pu faire ces poids, pesant juste 10 ou 100 ou 1000 grammes. Pour le décagramme, par exemple, on n'a qu'à mettre dix poids de 1 gramme dans l'un des plateaux de la balance, dans l'autre le poids de cuivre marqué *un décagramme.* Si le poids est plus lourd à lui seul que les 10 autres ensemble, c'est qu'il pèse plus de 1 décagramme; il faut le diminuer en l'usant avec une lime, jusqu'à ce qu'il ne pèse plus que juste autant. S'il est trop léger, on y ajoute une petite quantité de plomb pour le rendre plus lourd. On agirait de la même manière pour l'hectogramme et le kilogramme. On se sert aussi très-souvent de poids pesant 2 grammes, 5 grammes, 2 décagrammes, 5 hectogrammes. On emploie aussi pour peser des objets très-lourds, des poids de 5, 10, 20 kilogrammes : cela ne change rien à l'opération du pesage. Il

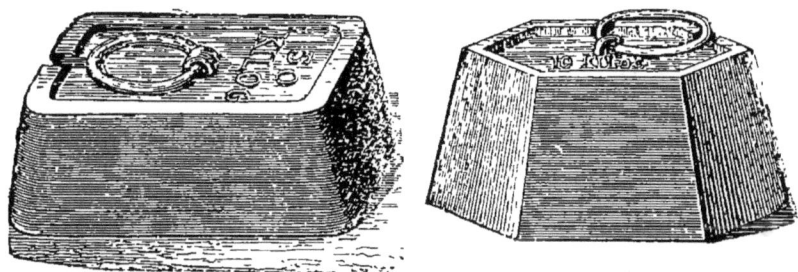

faut seulement observer attentivement le nombre écrit sur les poids, et marquant combien de grammes, de décagrammes, d'hectogrammes ou de kilogrammes ils pèsent, et additionner ceux qu'on a mis ensemble dans la *balance*. L'addition de tous ces nombres donne le poids *total*,

c'est-à-dire le nombre de grammes, de décagrammes, etc., qu'il y a en tout dans un plateau, et, par suite, le poids de l'objet placé
dans l'autre plateau.

Si maintenant on vous demande, mes enfants,
combien pèse un *litre d'eau*, qu'allez-vous faire
pour le savoir? Vous faut-il absolument un *litre*,
de l'eau pure, des poids, une balance? Certainement vous pourriez ainsi peser un litre d'eau;
mais vous allez voir que nous pouvons nous
passer de tout cela; il suffit d'un calcul très-
simple.

Qu'est-ce qu'un litre? C'est un décimètre
cube. Un litre d'eau est donc un décimètre
cube d'eau. Et qu'est-ce qu'un gramme? C'est
le poids d'un centimètre cube d'eau. Mais dans
un décimètre cube il y a, comme vous le savez, mille centimètres cubes : notre litre contient donc mille centimètres cubes d'eau. Et
puisque chaque centimètre cube d'eau pèse un
gramme, un litre d'eau pèse juste mille grammes, ou un kilogramme.

Calculez maintenant combien pèsent un décalitre d'eau, un hectolitre, etc.

Si vous versez de l'huile dans un verre contenant de l'eau, vous remarquerez, mes enfants,

que l'huile reste à la surface ; si vous y versez du sirop, vous le voyez, au contraire, tomber au fond du verre ; pourquoi cela ? C'est que l'huile est plus légère que l'eau, et le sirop plus lourd. De cette observation si simple, vous déduisez tout de suite que le poids d'un litre de liquide varie suivant la nature de ce liquide.

En vous rappelant que le centimètre est une fraction du mètre, et que le centimètre a formé le centimètre cube ; que le poids de l'eau pure contenue dans un centimètre cube est justement le gramme ; vous reconnaîtrez qu'en définitive le *mètre* a servi à former le *gramme*, et par suite toutes les mesures de poids dérivées du gramme.

QUESTIONNAIRE ET EXERCICES.

Si nous remplissons d'eau pure un centimètre cube creux, quel sera le volume de cette quantité d'eau ?

Quel en sera le poids ?

Qu'est-ce donc que le gramme ?

Quelle est l'unité de mesure des poids ?

Le poids de cuivre appelé gramme pèse-t-il exactement autant que l'eau pure contenue dans un centimètre cube creux ?

La matière et la forme du poids a-t-elle de l'importance ?

Comment peut-on vérifier si un poids marqué décagramme pèse juste dix grammes ?

Combien faudrait-il de poids d'un gramme pour faire équilibre dans la balance à un poids d'un hectogramme? D'un kilogramme?

Combien faut-il de poids d'un décagramme?

Combien faudrait-il de poids d'un hectogramme pour faire équilibre à un poids de 5 kilogrammes?

Peut-on fabriquer des poids pesant 2 ou 5 grammes, 2 ou 5 décagrammes, etc.? Emploie-t-on souvent ces poids?

Pour peser un enfant, en a mis dans le plateau de la balance :

> 2 poids de 10 kilog.
> 1 poids de 5 kilog.
> 1 poids de 1 kilog.
> 3 poids de 2 décagr.
> 1 poids de 5 grammes.
> 1 poids de 2 grammes
> 1 poids de 1 gramme.

Quel est le poids de cet enfant?

Pour peser un ballot, on a mis dans la balance:

> 2 poids de 5 kilog.
> 1 poids de 2 kilog.
> 1 poids de 5 hectog.
> 3 poids de 1 décag.
> 2 poids de 2 grammes.

Quel est le poids de ce ballot?

Combien pèse un litre d'eau pure?

Donnez la preuve qu'un litre d'eau pure pèse un kilogramme.

Combien pèsent 5, 6, 8, 9 litres d'eau pure?

Combien pèsent 1, 2, 4, 5 décalitres d'eau pure?

Combien pèsent 1, 2, 5, 10 hectolitres d'eau pure?

Un seau pouvant contenir 3 décalitres et 5 litres d'eau,

pèse 2 kilogrammes étant vide : que faut-il faire pour savoir combien il pèsera si on le remplit d'eau pure?

Un réservoir contient 20 hectolitres d'eau, combien pèse toute cette masse d'eau ?

Les autres liquides ont-ils le même poids que l'eau (à égal volume) ?

Comment le mètre a-t-il servi à former le gramme?

Exécutez des pesées diverses en grammes, décagrammes, hectogrammes, etc. Écrivez ces pesées.

IX. Les divisions du gramme.

Il arrive quelquefois, mes enfants, que no voulons connaître le poids de très-petits objets pesant moins d'un gramme, de même que nous avons souvent à mesurer des quantités de liquides moindres qu'un litre, des longueurs moindres que le mètre. Eh bien, nous diviserons le gramme en 10, en 100 parties, c'est-à-dire que nous ferons de petits poids pesant juste la dixième partie d'un gramme, et nous les appellerons des *décigrammes;* il faudra naturellement 10 de ces petits poids pour peser un gramme. Nous en ferons de plus petits encore, pesant juste un centième de gramme, et nous les appellerons *centigrammes.* Ces petits poids se font d'ordinaire en taillant dans une feuille de cuivre, mince comme une feuille de papier, de petits carrés sur lesquels on écrit 1 *décigramme* ou 1 *centigramme*, ou tout au

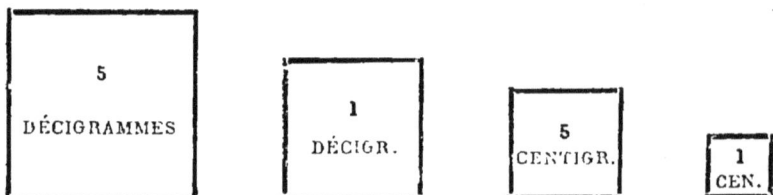

moins les premières lettres de ces mots. On fait aussi de petits poids pesant 2 ou 5 décigrammes, 2 ou 5 centigrammes.

Vous n'avez pas oublié qu'on doit faire le *total* de tous les poids mis d'un même côté, dans le plateau de la balance. Supposons qu'en additionnant à part le nombre de grammes, de décigrammes, de centigrammes, que nous avons mis dans le plateau pour peser un objet, nous ayons trouvé 9 grammes, 7 décigrammes et 6 centigrammes. Voici comment nous écrirons ce nombre. Nous marquerons d'abord le nombre de grammes; nous écrirons, en haut, un petit *g*, pour indiquer de quoi il s'agit. Puis, comme il y a des *fractions* de grammes, nous mettrons une virgule après le chiffre des unités entières, et nous rappelant que les décigrammes sont des dixièmes, les centigrammes dès centièmes, nous les écrivons à leur rang de *dixièmes*, de *centièmes*, et nous aurons : 9^g,76. Nous écrirons de même toute autre *pesée*, en remplaçant, comme à l'ordinaire, par un zéro, les unités de grammes s'il n'y en avait pas, ou les décigrammes, si cet ordre manquait.

QUESTIONNAIRE ET EXERCICES.

Existe-t-il des poids plus petits que le gramme?

Comment s'appellent les poids qui pèsent un dixième de gramme? un centième de gramme?

Quelle forme donne-t-on ordinairement à ces petits poids?

Y a-t-il aussi des poids pesant 2 ou 5 décigrammes? 2 ou 5 centigrammes?

Pour peser une substance destinée à faire un remède, le pharmacien a mis dans la balance :

> 4 poids de 5 décigr.
> 2 poids de 1 décigr.
> 1 poids de 5 centigr.
> 1 poids de 1 centigr.

Combien pesait cette quantité?

Une autre fois il a employé les poids suivants :

> 1 poids de 5 décigr.
> 2 poids de 2 décigr.
> 4 poids de 5 centigr.
> 2 poids de 2 centigr.
> 1 poids de 1 centigr.

Combien pesait cette autre quantité?

Écrivez en fractions décimales du gramme, les nombres de l'exercice précédent.

Écrivez de même les nombres :

3 grammes 7 décigr. 2 centigr.

2	—	2	—	1	—
6	—	»	—	3	—
7	—	7	—	»	—
		2	—	7	—
		3	—	2	—

Lisez en grammes, décigrammes et centigrammes, les nombres suivants :

10ᵍ,3	2ᵍ,7	1ᵍ,03	2ᵍ,07	0ᵍ,32	0ᵍ,95
0ᵍ,03	0ᵍ,5	0ᵍ,10	0ᵍ,25	0ᵍ.05	5ᵍ,75

X. Mesure des valeurs. — Le Franc.

Il n'est pas besoin, mes enfants, de vous rappeler la valeur, et l'usage des pièces de monnaie d'argent, d'or ou de *billon*, c'est-à-dire de cuivre mélangé d'une petite quantité d'autres métaux. Nous allons seulement vous expliquer comment on fabrique les pièces de monnaie, en prenant pour exemple le franc, qui est l'unité de mesure de la valeur des objets. *Un franc* est une pièce d'argent, mais ce n'est pas de l'argent pur; c'est de l'argent *allié*, c'est-à-dire mélangé à une petite quantité de cuivre. Pour fabriquer des francs, on commence donc par faire fondre de l'argent dans un creuset, à l'aide d'un grand feu; puis on y ajoute du cuivre. Mais on n'ajoute pas cette quantité de cuivre au hasard, comme vous le pensez bien. On pèse l'argent et le cuivre, de manière à ce que le cuivre forme seulement un dixième de la masse fondue. Ainsi, si on veut avoir 10 kilogrammes d'*alliage* (vous n'avez pas oublié ce que ce mot signifie), on met 1 kilogramme de cuivre seulement, et 9 kilogrammes d'argent. Quand l'alliage est fondu, on le coule dans des moules; puis, quand il est refroidi, on lui donne la forme de grandes feuilles, épaisses à peu près comme un franc. Cela fait, on découpe dans ces feuilles, avec une machine, de petits disques (cercles) de la grandeur de la pièce.

Maintenant — voici l'important : — on pèse. Chaque pièce de 1 franc doit peser juste 5 grammes. Les disques qui ont bien juste le poids qu'ils doivent avoir, sont *frappés*, c'est-à-dire qu'on forme à leur surface, à l'aide d'une machine qui presse, les figures et les ornements que vous savez, avec les chiffres et les lettres qui indiquent la valeur de cette pièce : 1 franc.

Toutes les autres pièces sont fabriquées de la même manière. Les pièces d'or, elles aussi, contiennent un peu de cuivre.

Ainsi que nous venons de vous le dire, mes enfants, 1 franc pèse 5 grammes. Une pièce de 2 francs pèse naturellement deux fois autant, c'est-à-dire 10 grammes; une pièce de 5 francs pèse 25 grammes. De même, la pièce de 50 centimes, qui vaut la moitié d'un franc, pèse juste la moitié du poids de la pièce de 1 franc.

Vous savez déjà que les pièces de billon (de cuivre) ont aussi un poids fixe; elles pèsent juste autant de grammes qu'elles valent de centimes. En sorte que, si vous vouliez peser quelque chose, et que vous n'eussiez pas de poids, des pièces de 1 centime, 2 centimes, 5 centimes, 10 centimes peuvent vous en tenir lieu, en comptant chaque centime pour 1 gramme.

Puisque le mètre a servi à former le *gramme*, et que c'est le nombre de grammes que pèse la pièce de 1 franc qui mesure sa valeur, vous voyez, mes enfants, que le franc, lui aussi, a été formé à l'aide du mètre.

Disons maintenant en deux mots comment on écrit les sommes de monnaie.

On écrit tout d'abord le nombre de francs,
qui sont les unités entières; puis, on marque,
en haut du chiffre des unités, un petit *f*, pour
indiquer que c'est de francs qu'il s'agit. S'il y
a en plus des décimes et des centimes, vous
écrivez les décimes à leur rang de dixièmes,
les centimes à leur rang de centièmes, en remplaçant les ordres manquants par un zéro; et
de même, vous mettez un zéro avant la virgule
pour tenir la place des unités entières, c'est-
à-dire des francs, s'il n'y avait à écrire que
des décimes ou des centimes.

Vous pourrez observer, mes enfants, que l'on
dit plus ordinairement 20, 40, 50 centimes
que 2, 4, 5 décimes, ce qui est absolument la
même chose. Par la même raison, au lieu d'é-
crire 1^f,5 ou 0^f,3, on préfère écrire 1^f,50 ou
0^f,30; cela ne change rien, puisque les décimes
sont à leur place de dixièmes; le zéro qui
suit sert seulement à indiquer qu'on prononce
de préférence 1 franc 50 centimes, plutôt que
1 franc 5 décimes; 30 centimes plutôt que
3 décimes : c'est plus commode dans les calculs.

QUESTIONNAIRE ET EXERCICES.

Les pièces de monnaies d'argent sont-elles en argent pur

Combien y a-t-il de cuivre dans le métal qui sert à faire la monnaie?

Comment nomme-t-on l'opération par laquelle on ajoute 1 dixième de cuivre à 9 dixièmes d'argent pour former le métal de la monnaie?

Que signifie le mot alliage?

Comment fabrique-t-on les pièces de monnaie?

Combien pèse une pièce de 1 fr.

Combien pèse une pièce de 2 fr.? une de 5 en argent?

Si nous avons 100 fr. en pièces d'argent, combien pèse cette somme?

Combien pèsent 10 fr. en argent? 20 fr.? 1000 fr.?

Comment nomme-t-on l'alliage de métaux qui sert à faire les décimes et les centimes?

Combien pèse une pièce de 1 centime? De 2? De 5? De 10 centimes?

Combien faut-il de pièces de 1 décime pour former le poids de 20 grammes? De 30 grammes? De 50 grammes? De 100 grammes?

Pour peser un objet on s'est servi, faute de poids, de pièces de monnaie: on a mis dans la balance deux pièces de 1 décime et une pièce de 5 centimes. Combien pèse cet objet?

Quel est le poids des sommes suivantes :

12 cent.   28 cent.   20 cent.   80 cent.

Exécutez des pesées avec des pièces de monnaie de billon ; écrivez ces pesées en grammes.

FIN.

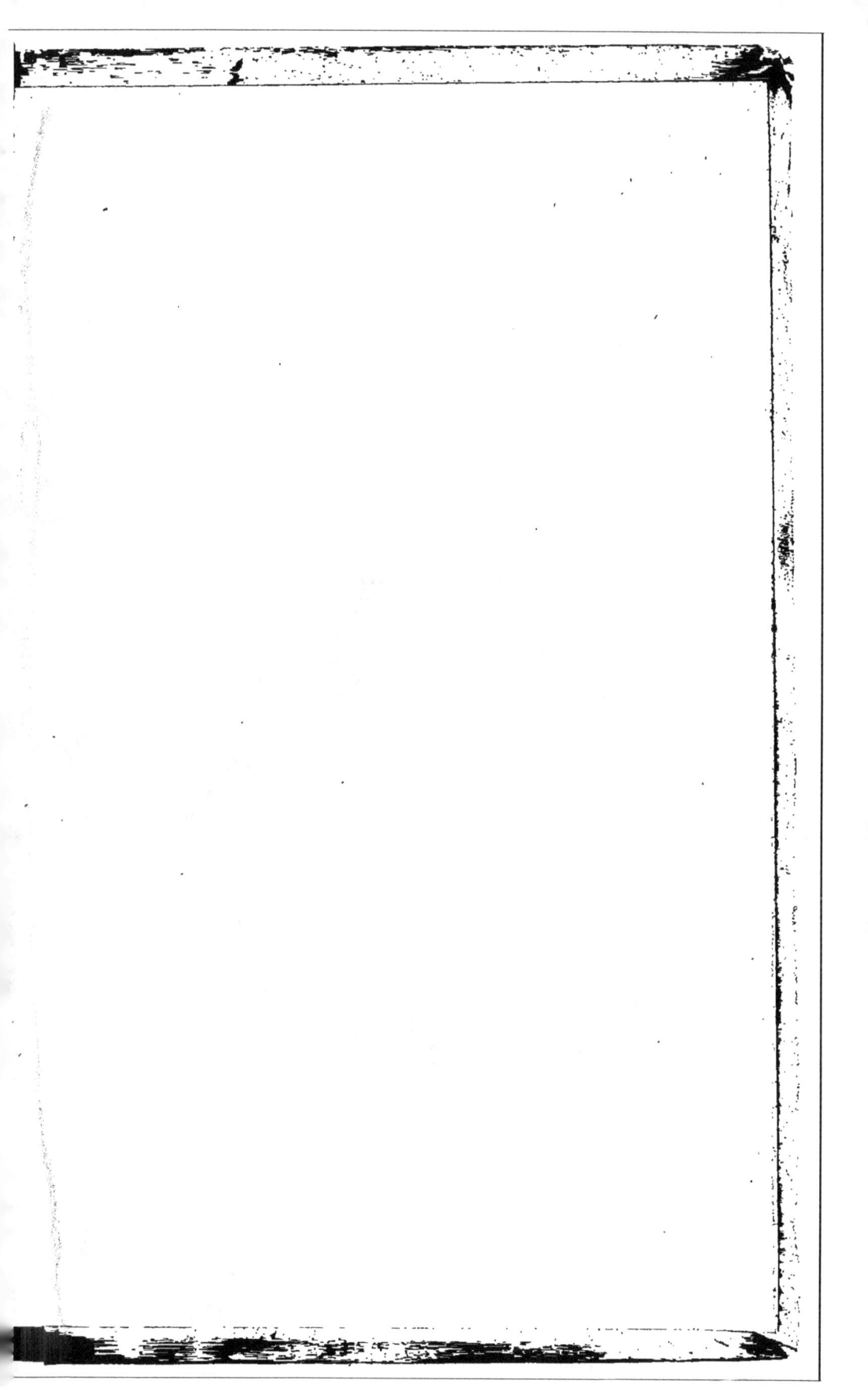

COURS D'ÉDUCATION ET D'INSTRUCTION PRI...

comprenant les matières des nouveaux progra...

(pour les enfants des deux sexes de 5 à 14 ans)

A L'USAGE DES ÉCOLES ET DES FAMILLES

Les volumes de ce Cours sont imprimés dans le format grand in-1...
tiennent des illustrations intercalées dans le texte et se vendent car...
Deux éditions ont été publiées simultanément, l'une à l'usage de...
l'autre à l'usage des garçons; avoir soin de désigner dans les...
l'édition spéciale que l'on désire recevoir.

Ce Cours est divisé en trois périodes

1° — *Élémentaire* — 2° *Moyenne* — 3° *Com...*

Précédées de deux années préparatoires

1ʳᵉ ANNÉE PRÉPARATOIRE.

1° **Manuel de l'Instituteur**, comprenant : l'Exposé des principes de la pédagogie et le guide pratique de la première année préparatoire. 1 volume.   2 fr. 50

2° **Enseignement de la lecture**, à l'aide du procédé phonomimique de M. Grosselin. 50 c. *Tableaux* (30) reproduisant la méthode.   3 fr.

3° **Petites lectures morales; premières notions de grammaire.**   50 c.

4° **Premières notions d'arithmétique, de géométrie et du système métrique.**   50 c.

5° **Premières notions de géographie et d'histoire naturelle.**   75 c.

2° ANNÉE PRÉ...

1° **Manuel de l'Insti...** comprenant : le dévelop... des principes pédagogiqu... guide pratique de la d... année préparatoire.

2° **Lectures morales** ... st... ; ... 1 vol.

3° **Arithmétique;** ... système m...

4° **Géographie ;** ... notions sur ... phénomènes ... 1 vol.

5° **Histoire naturelle...** ... cons pré... tude de l'hygiène.

PÉRIODE ÉLÉMENTAIRE.

1° **Manuel de l'Instituteur**, guide pratique de la période élémentaire.   50 c.

2° **Grammaire accompagnée d'exercices; lectures et dictées.**   1 fr. 50

3° **Arithmétique; géométrie; système métrique.** 1 fr. 50

4° **Premiers éléments** cosmographie; ... phie.

5° **Histoire naturelle** (...

6° **Premières noti...** giène, de physique e... chimie.   ...

PÉRIODE MOYENNE.

Grammaire, accompagnée de dictées-exercices.   1 fr. 50

Les autres volumes de la ... moyenne sont en pré...

Typographie Lahure, rue de Fleurus, 9, à Paris.

www.ingramcontent.com/pod-product-compliance
Lightning Source LLC
Chambersburg PA
CBHW060353200326

41519CB00011BA/2131